基礎物理定数

物理量	記号	数値	単位
真空中の光速度 [a]	c, c_0	299 792 458	m s^{-1}
アボガドロ定数 [a]	N_A, L	$6.022\ 140\ 76 \times 10^{23}$	mol^{-1}
気体定数	$R = N_A k$	8.314 462 618...	J K^{-1} mol^{-1}
ボルツマン定数 [a]	k, k_B	$1.380\ 649 \times 10^{-23}$	J K^{-1}
プランク定数 [a]	h	$6.626\ 070\ 15 \times 10^{-34}$	J s
標準大気圧 [a]	atm	101 325	Pa
理想気体（1 bar, 273.15 K）のモル体積	V_0	22.710 954 64...	L mol^{-1}
重力の標準加速度 [a]	g_n	9.806 65	m s^{-2}
電気素量 [a]	e	$1.602\ 176\ 634 \times 10^{-19}$	C
ファラデー定数	$F = N_A e$	96 485.332 12...	C mol^{-1}
電子の質量	m_e	$9.109\ 383\ 7105(28) \times 10^{-31}$	kg
陽子の質量	m_p	$1.672\ 621\ 923\ 69(51) \times 10^{-27}$	kg
中性子の質量	m_n	$1.674\ 927\ 498\ 04(95) \times 10^{-27}$	kg
原子質量定数（統一原子質量単位）	$m_u = 1$ u	$1.660\ 539\ 066\ 60(50) \times 10^{-27}$	kg
真空の透磁率 [b]	μ_0	$1.256\ 637\ 062\ 12(19) \times 10^{-6}$	N A^{-2}
真空の誘電率 [c]	$\varepsilon_0 = 1/\mu_0 c^2$	$8.854\ 187\ 8128(13) \times 10^{-12}$	F m^{-1}
万有引力定数（重力定数）	G	$6.674\ 30(15) \times 10^{-11}$	m^3 kg^{-1} s^{-2}
リュードベリ定数	R_∞	10 973 731.568 160(21)	m^{-1}
ボーア半径	a_0	$5.291\ 772\ 109\ 03(80) \times 10^{-11}$	m
ハートリーエネルギー	E_h	$4.359\ 744\ 722\ 2071(85) \times 10^{-18}$	J
ボーア磁子	μ_B	$9.274\ 010\ 0783(28) \times 10^{-24}$	J T^{-1}
核磁子	μ_N	$5.050\ 783\ 7461(15) \times 10^{-27}$	J T^{-1}

[a] 定義された量である。
[b] 磁気定数ともよばれる。
[c] 電気定数ともよばれる。

わかる反応速度論

齋藤勝裕

三共出版

まえがき

　化学反応は多数の要因が複雑に絡み合って進行する。反応の最終結果は反応生成物として我々の前に現れる。化学反応の解析において，生成物を解析するのは反応の最後の部分から全体を推し量ることに相当する。しかし化学反応はそれだけではない。本当に大事なのは，出発物がどのような理由で反応を起こし，どのような系かを辿って最終生成物に至ったのか？それを明らかにすることこそが化学反応の解明である。

　化学反応をこのような立場から研究するのが反応速度論である。そして，このような解析には数学的な取扱いが必須である。反応速度論を厳密に取扱うには，高度ではないにしろ，それなりの数学的素養が必要である。しかし，化学を志す学生がすべて，このような数学的取扱いを自由に操れるかとなると，なかなか難しいのが現状である。数学を離れた所にこそ化学の心髄がある，と言えなくもないこともあり，数学を避けて化学を理解したいと願う学生は最近特に多いように見える。

　反応速度論的解析から得られる果実は，数学的能力の不足を理由に捨ててしまうにはあまりに芳醇である。

　本書を執筆した狙いはここにある。

　厳密な数式取扱い，複雑な実反応処理，これらを目的とするならすでに多くの専門書，教科書が出版されている。

　数学が得意でない読者のために，「数学を離れて理解できる反応速度論的教科書」，「反応速度論的解析の上澄液を紹介する書」をお届けしたい。それが本書執筆の動機である。そのため，数式は極力少なくし，説明を納得してもらうために必要な程度にとどめた。その分，説明図，グラフを多用した。複雑な化合物の構造式を見慣れた化学系学生にとって，図やグラフによる直感的理解は得意とするところであろう。

　数式に圧倒されて反応速度論を敬遠していた方，逆に化学的意味よりも数式取扱いに興味を持っていた方，そのような方々が本書を開いたなら，化学の見

方が多少は変化するのではないかと思う。

　本書を読むことにより，化学反応の速度論的解析に興味を覚えてもらえたなら，著者の望外の喜びである。

　なお，本書は1998年に三共出版社より発行した「反応速度論-化学を新しく理解するためのエッセンス」を大幅に改訂，加筆したものである。旧著の全11章を全14章に拡大，分割し，読みやすく，かつ授業の進度に対応するようにした。また各章末には演習問題を付けた。

　想いばかりが先走りした結果，間違い，思い違いなどがあろうかと危惧している。御気付きの点など御指摘，御教示願えたなら誠に有難いことと思う。

　本書出版にあたり，多大の御尽力を下さった三共出版株式会社高崎久明氏にあつく感謝申し上げる。

　　2013年9月

　　　　　　　　　　　　　　　　　　　　　　　　　　　　齋藤　勝裕

　本書を執筆するに当たり，参考とさせて頂いた諸書を掲げ，その著者，訳者ならびに出版社の皆様にあつく感謝申し上げる。

P. W. Atkins 著，千原秀昭，中村亘男訳，『アトキンス物理化学』，東京化学同人。

W. J. Moore 著，藤代亮一訳，『ムーア物理化学』，東京化学同人。

坪村宏，『新物理化学』，化学同人。

岩村秀，野依良治，中井武，北川勲編，『大学院有機化学』，講談社。

慶伊富長，『反応速度論』，東京化学同人。

富永博夫，河本邦仁，『反応速度論』，昭晃堂。

徳丸克己，『有機光化学反応論』，東京化学同人。

G. Friedlander and J. W. Kennedy 著，斉藤信房，柴田長夫，横山祐之，池田長生訳，『核化学と放射化学』，丸善。

上松敬禧，多田旭男，中野勝之，広瀬勉，『演習で学ぶ物理化学』，三共出版

齋藤勝裕『数学いらずの化学反応論』化学同人

齋藤勝裕『化学　化学反応の性質』羊土社

齋藤勝裕『休み時間の物理化学』講談社

齋藤勝裕『基礎から学ぶ化学熱力学』ソフトバンククリエイティブ

齋藤勝裕，安藤文雄，今枝健一『ふしぎの化学』培風館。

目　　次

第1章　反応速度論とは
　1　化学反応の解析 …………………………………………2
　2　反応速度 …………………………………………………4
　3　反応の種類 ………………………………………………6
　4　反応と衝突 ………………………………………………8
　5　活性化エネルギー ………………………………………10
　6　中間体と遷移状態 ………………………………………12
　演習問題 ……………………………………………………14

第Ⅰ部　現象としての反応速度

第2章　速度式
　1　反応速度 …………………………………………………20
　2　反応次数 …………………………………………………22
　3　反応次数の決定 …………………………………………24
　4　反応速度に影響するもの ………………………………26
　5　反応とエネルギー ………………………………………28
　演習問題 ……………………………………………………30

第3章　積分速度式
　1　積分速度式 ………………………………………………34
　2　二次反応の積分速度式 …………………………………36
　3　簡便な解析 ………………………………………………38
　4　半減期 ……………………………………………………40
　5　二次反応の半減期 ………………………………………42
　演習問題 ……………………………………………………44

第4章　反応の解析
　1　素反応 ……………………………………………………48
　2　逐次反応 …………………………………………………50
　3　濃度変化 …………………………………………………52

  4 定常状態近似 ……………………………………………………54
  5 律速段階 ……………………………………………………………56
  6 単分子反応の平衡 …………………………………………………58
  7 2分子反応の平衡 …………………………………………………60
  演習問題 ………………………………………………………………62

第5章　複雑な反応の速度
  1 重合反応の機構 ……………………………………………………66
  2 高分子鎖の成長 ……………………………………………………68
  3 触媒反応 ……………………………………………………………70
  4 酵素反応 ……………………………………………………………72
  5 ミカエリス定数 ……………………………………………………74
  6 爆発反応 ……………………………………………………………76
  演習問題 ………………………………………………………………79

第6章　高エネルギー反応
  1 光反応の反応特性 …………………………………………………82
  2 スタン-ボルマーの式 ………………………………………………84
  3 原子核反応 …………………………………………………………86
  4 原子炉の原理 ………………………………………………………88
  5 原子炉の構造 ………………………………………………………90
  6 高速増殖炉 …………………………………………………………92
  演習問題 ………………………………………………………………94

第II部　反応速度の理論

第7章　分子運動と衝突
  1 分子運動 ………………………………………………………… 100
  2 運動速度 ………………………………………………………… 102
  3 分子速度の表現 ………………………………………………… 104
  4 衝　　突 ………………………………………………………… 106
  5 衝突速度と衝突断面積 ………………………………………… 108
  6 衝突頻度 ………………………………………………………… 110
  7 平均自由行程 …………………………………………………… 112
  演習問題 …………………………………………………………… 114

第8章 反応とエネルギー
 1 遷移状態と活性化エネルギー ………………………………118
 2 反応の必要条件 ………………………………………………120
 3 アレニウスの式 ………………………………………………122
 4 反応速度の温度依存性 ……………………………………124
 5 速度支配と平衡支配 …………………………………………126
 6 衝突と反応速度定数 …………………………………………128
 7 反応断面積 ………………………………………………………130
 演習問題 ……………………………………………………………132

第9章 遷移状態理論
 1 遷移状態（活性錯合体）………………………………………136
 2 遷移状態と時間 ………………………………………………138
 3 反応速度式 ………………………………………………………140
 4 分子振動と反応 ………………………………………………142
 5 速度定数の導出 ………………………………………………144
 演習問題 ……………………………………………………………146

第10章 活性化パラメータ
 1 活性化パラメータの種類 ……………………………………150
 2 活性化パラメータの導出 ……………………………………152
 3 アイリングプロット …………………………………………154
 4 活性化エンタルピーの意味 ………………………………156
 5 活性化エントロピーの意味 ………………………………158
 演習問題 ……………………………………………………………160

第III部　反応速度に影響するもの

第11章 溶液反応
 1 気相反応と液相反応 …………………………………………166
 2 反応速度の溶媒依存性 ……………………………………168
 3 プロトン放出能と反応速度 ………………………………170
 4 拡散律速反応 …………………………………………………172
 5 拡散律速速度定数 k_d ……………………………………174
 6 拡散（参考）…………………………………………………176

演習問題 ……………………………………………………………………178
第12章 固相反応
　1　吸　着 ……………………………………………………………182
　2　吸着確率 …………………………………………………………184
　3　吸着等温式 ………………………………………………………186
　4　固体触媒作用 ……………………………………………………188
　5　触媒反応速度 ……………………………………………………190
　演習問題 ……………………………………………………………………192

第IV部　解析の手法

第13章 置換基効果
　1　静電的効果 ………………………………………………………198
　2　軌道相関効果 ……………………………………………………200
　3　分子間軌道相関 …………………………………………………202
　4　同位体効果 ………………………………………………………204
　5　ゼロ点エネルギーの変化 ………………………………………206
　6　同位体効果の実例 ………………………………………………208
　演習問題 ……………………………………………………………………210
第14章 実　験
　1　緩和法 ……………………………………………………………214
　2　緩和時間 …………………………………………………………216
　3　緩和時間の実験例 ………………………………………………218
　4　動的NMR …………………………………………………………220
　5　動的NMRの実験例 ………………………………………………222
　6　連鎖反応の解析 …………………………………………………224
　7　連鎖反応の速度定数 ……………………………………………226
　演習問題 ……………………………………………………………………228

索　引 ………………………………………………………………………………231

第1章
反応速度論とは

化学は物質の変化（化学反応）を研究する学問である。
　化学反応とは単純に言えば，出発分子Sが生成分子Pに変化することである。しかし，その過程には複雑な物質変化，エネルギー変化が潜んでいる。反応速度論は，このような化学反応の進行過程を明らかにしようという研究である。

1　化学反応の解析

　化学反応の一連の過程を理解するには，まず出発分子 S，生成分子 P の分子構造を明らかにしなければならない。分子構造を明らかにするのは化学の方法論のうち，構造論的解析である。

（1）　構造論的解析
　それでは分子構造が明らかになれば，化学反応は解析されたことになるのだろうか。出発分子 S は，あるとき突然生成分子 P に変化するのではない。出発分子 S は，それなりの必然的な経緯を経て生成分子 P になるはずである。
　化学反応を明らかにするというのは，この一連の経緯を細部に亘って明らかにするということである。構造論的解析だけでは，物質変化の最初と最後を明らかにしただけあり，出発分子 S から生成分子 P に至る一連の過程は Black Box として横たわったままである。

（2）　反応論的解析
　ここで，威力を発揮するのが反応速度論的解析である。化学反応には爆発反応のように速いものも，釘が錆びる反応のように遅いものもある。反応が進行する速度を反応速度といい，それは分子構造のみならず，温度，圧力，濃度など，すべての反応条件の影響を受ける。このような反応速度を元に反応を解析する手法を反応速度論という。反応速度論的な考えを適用することによって，初めて化学反応の途中経過が明らかになり，化学反応の全貌を明らかにすることができるのである。
　本書は化学反応を反応速度論的な見地から解析，研究することを目的としたものである。反応速度論の特色は，数式が多いことである。反応速度論の書籍の中には数学の本かと見まごうほどの書籍もある。このような中にあって本書の最大の特色は複雑な数式，難解な表現を排除し，平易な表現に勤めたことである。そのため，わかりやすい説明図を多用した。図による直感的な解説こそ，化学者の得意とするところである。

―― 構造論的解析 ――

立体反発

$O=O+C \longrightarrow$? $\longrightarrow O=C=O$

S $\longrightarrow$ Black Box $\longrightarrow$ P

図1

―― 速度論的解析 ――

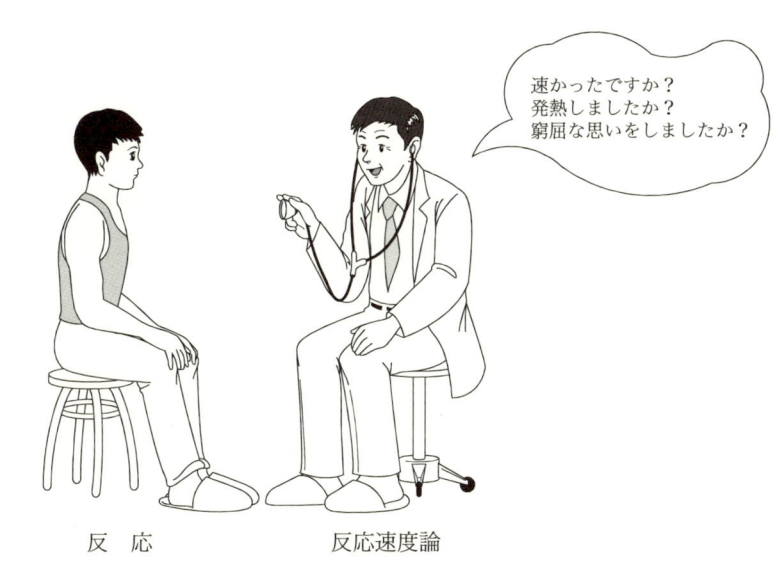

速かったですか？
発熱しましたか？
窮屈な思いをしましたか？

反　応　　　　　反応速度論

2 反応速度

化学反応の進行速度を元に反応を解析するには，まず，反応の速さを測定しなければならない。それでは，反応の速さを表わすには，どのような手段があるのだろうか。

（1）半減期

半減期（half-life, $t_{1/2}$）は，出発物質の量が半分になるのに要する時間を表わす。炭素14のβ崩壊の半減期は5730年である。これは，いま100万個の炭素14原子核があったとすると，5730年後には半分の50万個に減っており，さらに5730年が経過し，今から11460年後になると50万個のさらに半分，すなわち，25万個になっていることを示す。

図2は，初めN個あった原子核が時間と共に減少して行く様子を表わす。これから，半減期の短い反応では速く出発物質が減少する，すなわち，速い反応であることがわかる。

（2）減少速度と生成速度

AがBに変化する反応を考えよう。ここでは，Aの減少量とBの生成量は等しいはずである。すなわち，反応速度はどちらを使っても表わされることになる。この関係を表わしたのが図3である。

当然ながら，AとBの量の和は一定である。

減少量と生成量は各々A，Bの濃度を使っても表わせる。ここではA，B各々の濃度を鍵かっこを使って表わしてある。

反応の初め（$t = 0$）にはAのみが存在していたのだから，反応系の全濃度は最初に存在したAの濃度そのものである。

このときのAの濃度を初濃度とよび，濃度記号にゼロを付して表わす。

AからBに至る矢印の上にkと書いてある。詳細は後に述べるが，kは速度定数（rate constant）とよばれ，反応速度の大小を表わすものである。

kが大きければ速い反応であり，小さければ遅い反応である。

半減期

$$^{14}\text{C} \xrightarrow{\beta} {}^{14}\text{N} \qquad t_{1/2} = 5730\text{ 年（遅い）}$$

$$^{15}\text{C} \xrightarrow{\beta} {}^{15}\text{N} \qquad t_{1/2} = 2.25\text{ 秒（速い）}$$

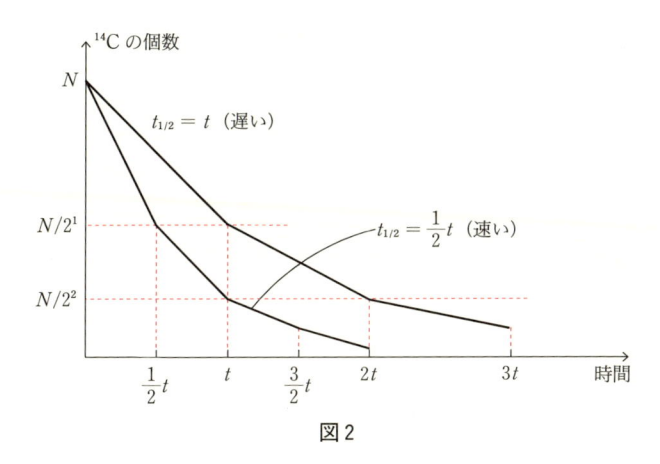

図 2

減少速度と生成速度

$$A \xrightarrow{k} B$$

図 3

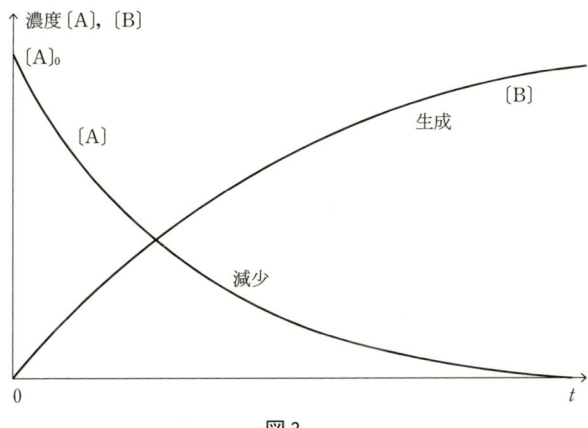

3　反応の種類

（1）　中間体のできる反応

Aが速度定数 k_1 でBになる所までは先の反応と同じであるが，このBがさらにCに変化し，この時の速度定数が k_2 だったとしよう。ここでは，出発物はAであり，最終生成物はCとなる。一般にBは中間体（intermediate）とよばれる。A，B，Cの各濃度変化は図4のようになる。Aの減少につれてBが生成し，Bはさらに Cに変化するので，Aが少なくなった時点ではBの生成量はBの減少量に追いつかなくなり，Bは減少してCが増えて行くわけである。

このような反応は実際に多くあり，企業における合成反応が，このような反応になっていることもある。最終生成物Cが欲しい物であったなら反応時間を長くして，完全に反応が終結してからCを取り出せばよい。しかし，もしBが欲しい物であったならどうだろう。どの時点で反応を打ち切ってBを取り出すかは，企業の利益にとって重要な問題であろう。

（2）　平衡に至る反応

Aは速度定数 k でBになり，出来たBは速度定数 k' で元のAに戻るとしよう。このとき，AからBになる反応を正反応，BがAに戻る反応を逆反応とよぶ。図5に正反応が逆反応の2倍の速度（$k = 2k'$）で進行する場合の濃度の時間変化を示した。

Aは時間と共に減少し，それに連れてBが増加して行く。問題はある程度の長時間が経った時点である。ここでは，AとBの濃度の比が1：2となって，その後，このまま一定となっている。このような状態を平衡（equilibrium）状態といい，$K = \dfrac{k}{k'} = 2$ を平衡定数（equilibrium constant）という。

このように反応速度を元にして考えると，平衡は正逆両反応の釣合として表現される。平衡という1つの現象が反応速度の面と，物質の自由エネルギーという面の両面から解析できるわけであり，各々で我々に与えてくれる情報は異なる。このようなことは科学ではよくあることである。

中間体のできる反応

$$A \xrightarrow{k_1} \underset{\text{中間体}}{B} \xrightarrow{k_2} C$$

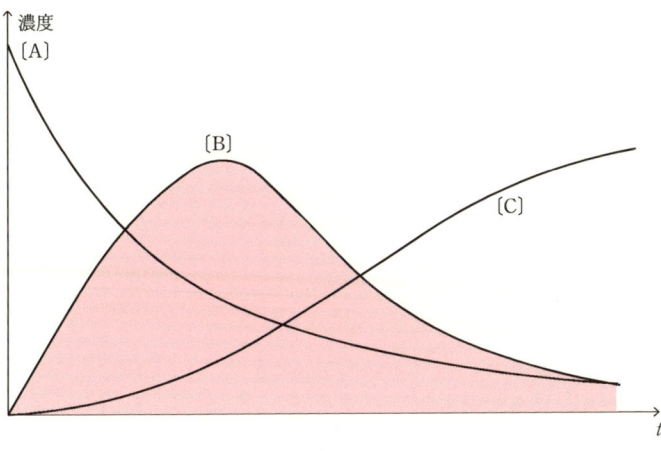

図4

平衡に至る反応

$$A \underset{k'}{\overset{k}{\rightleftarrows}} B$$

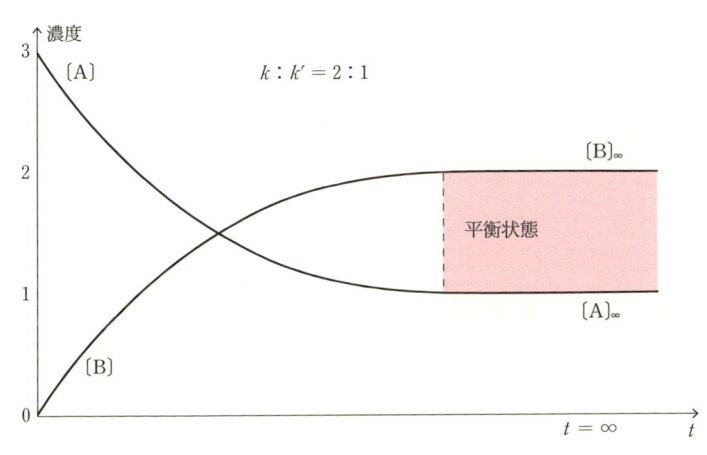

$k : k' = 2 : 1$

図5

4 反応と衝突

2分子の関与する反応を考えよう。AとBが反応してPを与える反応である。

AとBが反応するためには，AとBが接触しなければならない。

すなわち，両反応物質が衝突しなければならない。両者がなかなか衝突しなければ，反応はなかなか進行せず，両者が頻繁に衝突するなら，反応は速く進行する可能性がある。このように反応の**速度定数 k は，衝突の確率に左右される。**

（1）衝突確率

分子の衝突する確率は，自動車の衝突する確率と似ていなくもない。そこには分子の大きさ，走り回る速度，分子の混み具合などが反映されると考えられる。

大きい分子同士は小さい分子同士より衝突しやすいだろうし，大きい分子と小さい分子間の衝突確率はその中間になろう。また，速く走り回る分子が遅い分子より，**衝突確率**が大きくなるだろうことも想像に難くない。問題はこれらの関係がどのように定量化，数式化されるかである。

（2）衝突と反応

AとBとが反応するためには，両者が衝突しなければならないことを見たが，それでは衝突さえすれば反応が起こるのだろうか。当然そんなに，ことは単純ではない。ここでは簡単に，衝突の起こる部位について考えてみよう。

図8のように，分子Aが細長い形状を持つとしてみよう。分子BはAに衝突するが，Aの中央部分に衝突することもあれば，端に衝突することもありうる。**反応によっては衝突部位によって，反応に至る確率に差がある場合もありうる。**

長いアルキル鎖を持ったエステルの加水分解を考えてみよう。OH基が衝突したとしても，加水分解に結びつくのは③の衝突のみである。他の部位への衝突では，ただ単に運動エネルギーのやりとりに終始するだけである。

衝 突

$$A + B \xrightarrow{k} P$$

A + B → A B → P
衝突

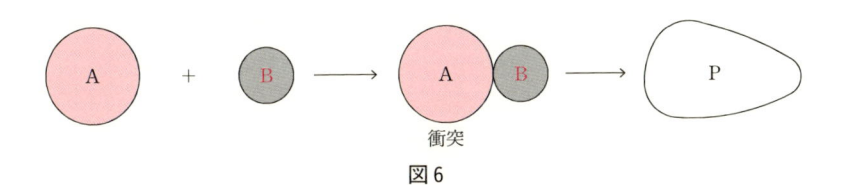

図 6

衝突確率

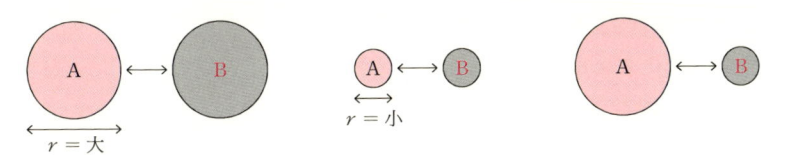

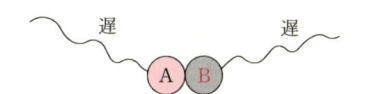

$r =$ 大　　$r =$ 小

遅　遅　　速　速

図 7

衝突と反応

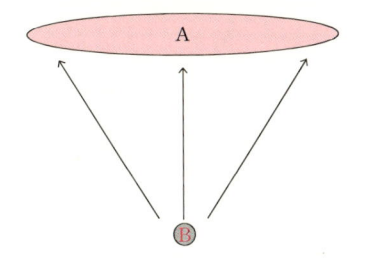

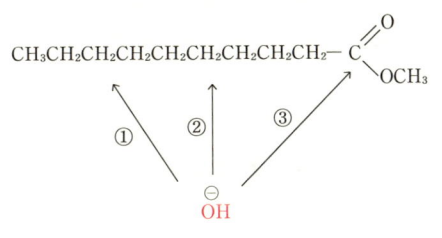

$$CH_3CH_2CH_2CH_2CH_2CH_2CH_2CH_2-C\begin{matrix}=O\\OCH_3\end{matrix}$$

①　②　③

$\overset{\ominus}{OH}$

①, ② 反応に至らない衝突
③　　反応に至る衝突

図 8

5　活性化エネルギー

遅い車同士が衝突しても大きい事故にはならない。分子の衝突も同様に，それが反応につながるためには，エネルギー的なものが関与する。

（1）活性化パラメータ

実際に反応にはエネルギーが密接に関係しており，それは活性化エネルギー（活性化エンタルピー，活性化自由エネルギー）とよばれる。このほかに反応に関与する量として活性化エントロピーがあり，これらをまとめて活性化パラメータとよぶ。

（2）活性化エネルギー

炭素と酸素分子とが反応して炭酸ガスを与える反応を考えてみよう。図9で縦軸は分子（系）のエネルギーを表わす。横軸は反応の進行程度を表わすもので反応座標（reaction coordinate）とよばれる。図は左側のCとO_2が反応して右側の炭酸ガスになり，そのエネルギーは出発系の方が高く，生成系の方が低いことを示す。したがって，反応が進行するとその差 $\varDelta E$ が放出される。

図9は炭素と酸素が別々に存在するより，炭酸ガスになった方が安定なことを示す。それでは，系は常に安定な方向へ進行し，すべての炭素と酸素は結合して炭酸ガスになってしまうのであろうか。もちろん，そうではない。反応はただ単に出発系と生成系のエネルギーの比較だけで支配されているのではない。

炭素と酸素を反応させるにはマッチで火をつけるという過程が必要である。この過程を表わしたのが図10である。炭素と酸素が炭酸ガスになるためには，越えなければならないエネルギーの山が存在する。この山を活性化エネルギー（activation energy, E_a）とよぶ。したがって，図10で左から右に進行するときの活性化エネルギーは E_a^1 であるが，右から左へ進行するときは E_a^2 となる。

AとBが反応してPを与える反応で反応経路が2つあったとしよう。T_1を通る経路とT_2を通るものであり，エネルギー関係は図11のようであったとする。この場合，反応はもっぱら効率のよいT_2を通って進行することになる。

活性化エネルギー

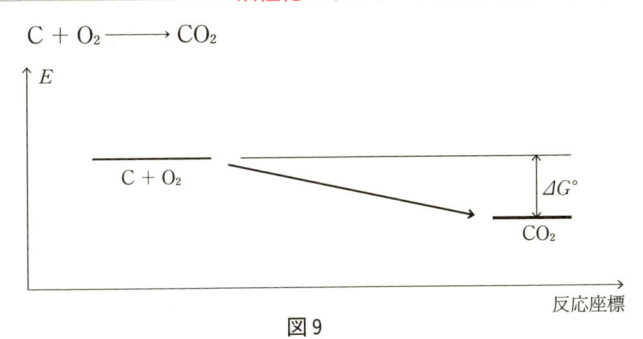

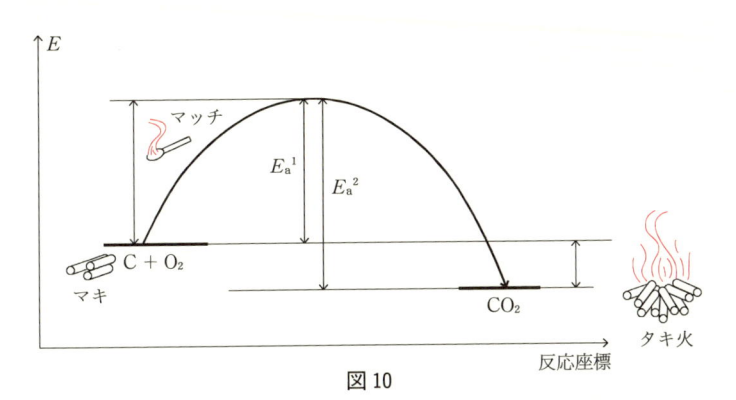

$C + O_2 \longrightarrow CO_2$

図9

図10

反応経路

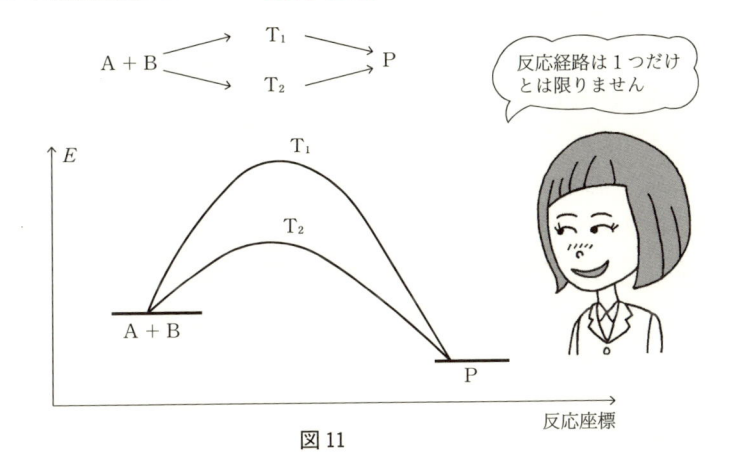

$A + B \longrightarrow T_1 \longrightarrow P$
$A + B \longrightarrow T_2 \longrightarrow P$

反応経路は1つだけとは限りません

図11

6　中間体と遷移状態

図 12 で A は出発物，P は生成物である。それでは，反応途中に現れる B，T はなんであろうか。

（1）　中間体と遷移状態

図においてエネルギーの谷に位置する B は中間体（intermediate）とよばれる。A は活性化エネルギー E_a^1 を乗り越えて B となり，つぎに新たな活性化エネルギー E_a^2 を乗り越えて P に至る。すなわち，中間体はエネルギーの山に囲まれた安定体であり，活性化エネルギー E_a^2，もしくは，E_a^3 が与えられない限り安定に存在しうる。その意味では条件さえ整えれば取り出すことも不可能ではない。

ところで，活性化エネルギーの山に位置する T_1，T_2 はどうであろうか。この両状態は不安定状態である。T_1 にとっては A に戻るか B に進む以外，身の置きどころがない。T_2 も同じ状態である。このようなとき，T_1，T_2 を遷移状態（transition state）とよぶ。

（2）　活性化エントロピー

エントロピーは系の乱雑さの程度を表わす。活性化エントロピー（entropy of activation, ΔS）も同様に反応の遷移状態の乱雑さを反映する。

図 13 の環状付加反応で，反応経路が T_3，T_4 を通る 2 通り考えられたとしよう。前者では A と B が 1 個所で結合して T_3 となり，つぎに残る個所が結合して P を与える。これに対して後者は 2 個所の結合が同時進行的に生成して行く。

T_3，T_4 の構造を比較してみよう。T_3 は鎖状の構造であり，ブラブラして運動の自由度が大きい。これに対して T_4 は環状構造で固定され，自由度は少ない。初めの A と B が独立に存在していた時に系が持っていた自由度と T_3，T_4 が持っている自由度とを比較すると，T_4 の方が自由度の減少度が大きい。

以上のことを反映するのが活性化エントロピーである。すなわち，活性化エントロピーを比較することによって，実際の反応経路を決定することができるのである。これは構造論解析では不可能なことである。

中間体と遷移状態

A ⟶ B ⟶ P

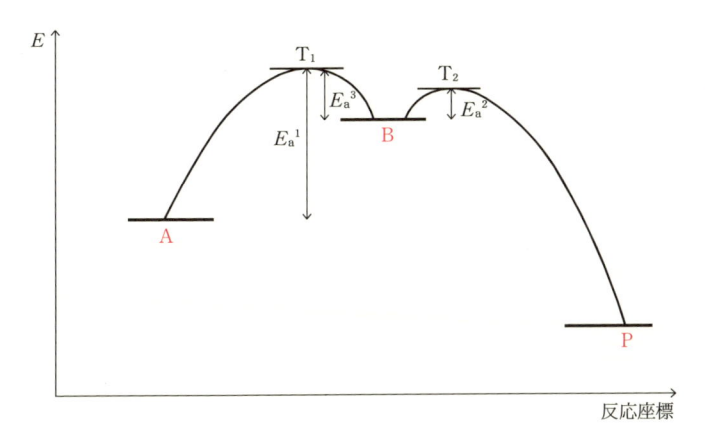

図 12

活性化エントロピー

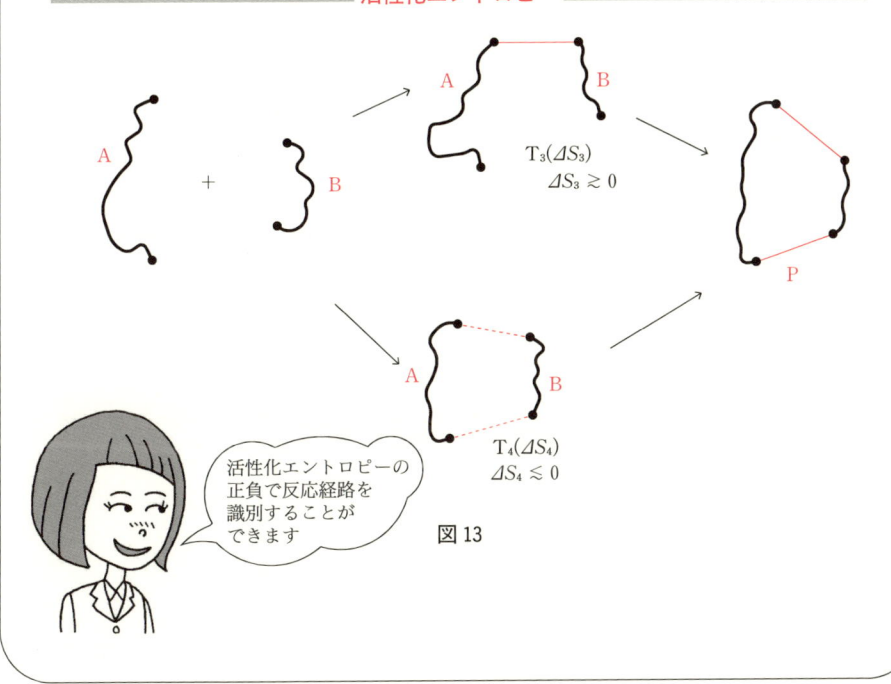

$T_3(\Delta S_3)$
$\Delta S_3 \gtrsim 0$

$T_4(\Delta S_4)$
$\Delta S_4 \lesssim 0$

活性化エントロピーの正負で反応経路を識別することができます

図 13

演習問題 1

空欄に相応しい語を語群から選べ。ただし，同じ語を複数回用いても良いものとする。

A　出発物質の量が半分になるのに要する時間を　1　$t_{1/2}$ という。$t_{1/2}$ の短い反応では出発物質が　2　く　3　する。すなわち，　4　い反応である。

B　反応 A⇌B において A から B になる反応を　5　，B が A に戻る反応を　6　とよぶ。この反応では一定時間経つと A，B の濃度が見かけ上変化しない状態が現れ，この状態を　7　状態とよぶ。

C　A と B が反応するためには A と B が　8　しなければならない。両者がなかなか衝突しなければ反応は　9　く進行し，両者が頻繁に衝突するなら反応は　10　く進行する。

D　　11　はエネルギーの谷に相当する。出発物質は　12　を乗り越えてこの状態となり，つぎにまた新たな　13　を乗り越えて　14　となる。すなわち，この状態はエネルギーの山に囲まれた　15　である。

E　　16　はエネルギーの山に相当する。この状態は　17　であり，　18　に戻るか　19　に進む以外，身の置きどころがない。

F　　20　 ΔS は反応の　21　の　22　さを反映する。ΔS が正の反応では　23　の自由度（乱雑さ）が　24　く，ΔS が負の反応では遷移状態の自由度は　25　い。反応の経路が 2 種類考えられる場合，ΔS を測定することによって　26　の経路を決定することができる。

語群

ア「遷移状態」，イ「安定状態」，ウ「不安定状態」，エ「出発物」，オ「生成物」，カ「中間体」，キ「分子構造」，ク「半減期」，ケ「正反応」，コ「逆反応」，サ「可逆反応」，シ「不可逆反応」，ス「衝突」，セ「接触」，ソ「活性化エネルギー」，タ「活性化エンタルピー」，チ「活性化自由エネルギー」，ツ「活性化エントロピー」，テ「活性化パラメータ」，ト「大き」，ナ「小さ」，ニ「速」，ヌ「遅」，ネ「乱雑」，ノ「整然」，ハ「実際」，ヒ「仮想」，フ「反応速度」，ヘ「減少」，ホ「増加」，マ「平衡」

解 答

1＝ク, 2＝ニ, 3＝ヘ, 4＝ニ, 5＝ケ, 6＝コ, 7＝マ, 8＝ス, 9＝ヌ, 10＝ニ, 11＝カ, 12＝ソ, 13＝ソ, 14＝オ, 15＝イ, 16＝ア, 17＝ウ, 18＝エ, 19＝オ, 20＝ツ, 21＝ア, 22＝ネ, 23＝ア, 24＝ト, 25＝ナ, 26＝ハ

演習問題 2

本文図4の濃度変化は，2つの速度定数 k_1, k_2 の関係が $k_1 \gg k_2$ の場合のものである。反対の場合，$k_1 \ll k_2$ ならば濃度変化はどうなるか，推定して図示せよ。

解 答 下図の通り。

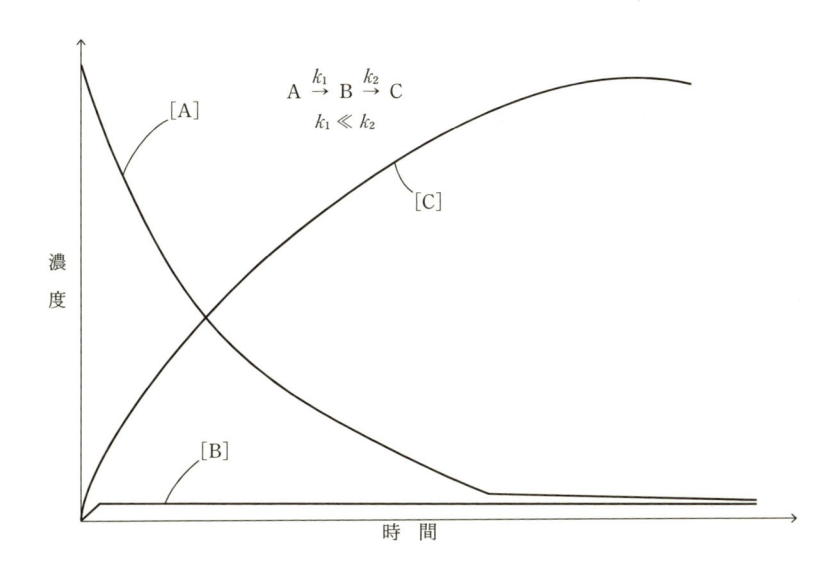

$$A \xrightarrow{k_1} B \xrightarrow{k_2} C$$
$$k_1 \ll k_2$$

縦軸：濃度　横軸：時間

解 説

　Bを生成する反応の速度定数は小さいので，Bはゆっくりとしか生成しない。ところが，Bを消費する反応の速度定数は大きいので，Bは直ちに消費されてCになる。この結果，Bは系内に留まることはほとんどなくなる。極端な場合にはBは無視できることもあり，この場合には反応はA→Cと近似できることになる。なお，この反応の速度定数は小さいほうの k_1 で近似できる。

第 I 部
現象としての反応速度

反応の進行に伴って，出発物の量は徐々に減少し，同時に生成物の量は増加する。物質の量の増減は基本的な測定量であり，最も顕著な現象変化であり，すべての理論解析の基本となる。しかし，この出発物と生成物の量関係は，反応の性質を反映し，複雑な様相を呈する。必ずしも，一方の減少と他方の増加という単純な関係には納まらない。いくつかの代表的な例を図に示した。

　図1ではAが出発物であり，Bが生成物であって，反応進行に伴って，Aが減少し，Bが増加する。最も素直な反応例といえるであろう。

　図2では，Aはある量まで減少するとあとは一定量を保つ。Bも同様である。一定量まで増加すると後は変化しない。あたかも反応を中止したようである。しかし，反応は継続中なのである。これはどういう現象であろうか。

　図3では3種の物質が現われている。Aは減少を続け，Cは増加を続けるがBは暫しの増加の後，一転して減少に向かう。

　図4ではAが増加するとBが減少し，Bが増加するとAが減少する。しかも，AもBも規則的に増減を繰り返し，その量はまるで振動しているように見える。

　実験が与えるのはこのようなグラフである。このグラフから反応機構を推察する。ここ第1部では，以上述べたことを詳細に検討して行く。

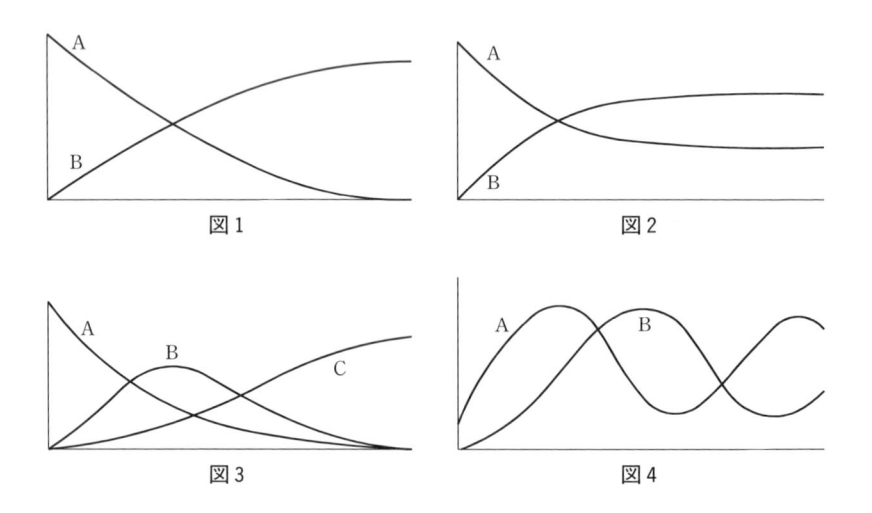

図1

図2

図3

図4

第2章
速度式

反応速度を表わす数式を反応速度式（reaction rate equation）という。
　速度式において大切なのは，速度定数 k と反応次数 n である。速度定数は反応の速さを表すものであり，速度定数の大きい反応ほど速い反応である。反応次数は反応に関与する分子数を反映する。

1 反応速度

反応速度は反応の速さを定量的に表現するものである。

(1) 表記法
反応1で，出発物A，生成物Bの各濃度は，図1にしたがって変化する。速い反応とは，Aの濃度減少，およびBの濃度増加の時間当り変化量が大きい反応であり，遅い反応は逆である。すなわち，濃度の時間微分量を反応速度と定義してよいことになる。

したがって，Aの消費速度 v_A，Bの生成速度 v_B はそれぞれ式(1)，式(2)で表わされることになる。v_A に負号を付けたのは，減少速度と増加速度を区別するためである。ところで，Aの消費速度とBの生成速度の絶対値は等しいので式(3)が成立する。

複数の分子が関与すると，事態は複雑になる。反応2では，A1分子とB2分子が反応している。この場合，Bの変化速度はAの変化速度の2倍になる。

これでは，反応速度はAに基づくか，Bに基づくかによって違ってくることになる。これを避けるため，各濃度変化を反応の係数で割って式(4)のように均一化しておくことが必要である。

(2) 速度式
速度式は，実験によって求められるもので，反応式を解析して明らかになるものではない。一般的な話をすれば，速度式は出発物濃度の何乗かに比例することが多い。すなわち，反応3のような単純な反応の場合には，速度式は式(5)によって表わされることがある。このとき，式(5)を反応3の速度式といい，指数 n を反応次数（order of reaction），k を速度定数（rate constant）とよぶ。

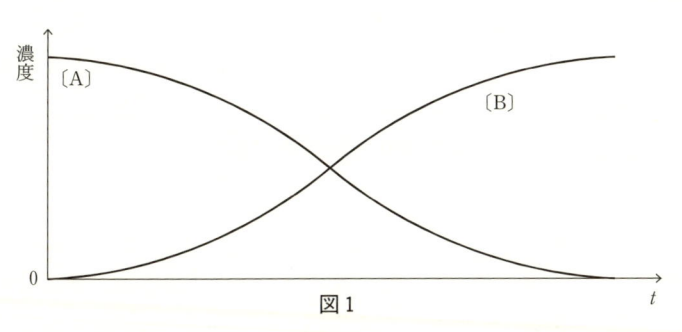

一分子反応

A ⟶ B (反応1)

図1

A の消費速度 　　$v_A = -\dfrac{d[A]}{dt}$ 　　(1)

B の生成速度 　　$v_B = \dfrac{d[B]}{dt}$ 　　(2)

$$v_A = v_B = -\dfrac{d[A]}{dt} = \dfrac{d[B]}{dt} \qquad (3)$$

多分子反応

A + 2B ⟶ 3C + 4D (反応2)

$$-\dfrac{d[A]}{dt} = -\dfrac{1}{2}\dfrac{d[B]}{dt} = \dfrac{1}{3}\dfrac{d[C]}{dt} = \dfrac{1}{4}\dfrac{d[D]}{dt} \qquad (4)$$

速度式

■実測速度式は原系濃度の何乗かに比例することが多い。

$$A \xrightarrow{k} B \qquad (反応3)$$

$$v = -\dfrac{d[A]}{dt} = \dfrac{d[B]}{dt} = k[A]^n \qquad (5)$$

n：反応次数，k：速度定数

2 反応次数

反応 4 の速度が，速度式 (6) で表わされたとする。このとき，反応次数は A，B 両濃度の指数 m と n の和で定義される。注意すべきことは指数 m, n と反応の係数 a, b は本質的に無関係であるということである。m, n はあくまでも実験によって実測，決定されるものである。

(1) 一次反応

反応 5 のように，分子がそれ自身で変化する一分子反応は，一次反応として解析できることが多い。しかし，一次反応として解析できるということと，一分子反応である，ということは必ずしも一致するとは限らない。

実例として，反応 5 の速度式は式 (7) になる。この場合の速度定数 k_1 を特に一次反応速度定数ということもある。

(2) 二次反応

実験の結果，反応 6 の速度式として式 (8) が求められ，速度は HI 濃度の 2 乗で表わされることがわかった。したがって，この反応は二次反応である。このように，反応次数は速度式から決定され，速度式は実験データから演繹される。

反応 7 は異なる分子 H_2 と I_2 とが反応するものであるが，この場合の速度式は式 (9) のようになった。H_2, I_2, 各々の濃度について一次であり，したがって，この反応も二次反応ということになる。k_2 を二次反応速度定数という。

(3) 三次反応

実験の結果，反応 8 の速度式は式 (10) であることが明らかになり，この反応は三次反応であることが明らかである。しかし，三次反応であるということと，3 分子が同時に衝突することとは同じではない。3 分子が同時に衝突する確率は極端に小さく，反応速度として観測されるほどになるとは思えない。

速度式で三次になる反応は，一般に複数の反応が連続して起こる多段階反応であり，速度式には各段階の速度の総和としてとらえられた，いわば見かけの反応速度が表われていることが多い。

反応次数

$$aA + bB \xrightarrow{k} cC + dD \qquad (反応4)$$

$$-\frac{d[A]}{dt} = k[A]^m[B]^n \qquad (6)$$

反応次数：$m + n$ 　　　m, n と a, b は一致するとは限らない。

一次反応

$$\text{(シクロヘキセン)} \xrightarrow{k_1} \text{(ベンゼン)} \qquad (反応5)$$

$$-\frac{d[◎]}{dt} = k_1[◎] \qquad (7)$$

k_1：一次反応速度定数

二次反応

$$2HI \xrightarrow{k_2} H_2 + I_2 \qquad (反応6)$$

$$-\frac{d[HI]}{dt} = k_2[HI]^2 \qquad (8)$$

$$H_2 + I_2 \xrightarrow{k_2} 2HI \qquad (反応7)$$

$$-\frac{d[H_2]}{dt} = k_2[H_2][I_2] \qquad (9)$$

k_2：二次反応速度定数

三次反応

$$2NO + O_2 \xrightarrow{k_3} 2NO_2 \qquad (反応8)$$

$$-\frac{d[NO]}{dt} = k_3[NO]^2[O_2] \qquad (10)$$

k_3：三次反応速度定数

3 反応次数の決定

反応次数の測定法について考えてみよう。

(1) 初速度

速度式(5)の両辺の対数をとると式(11)となる。これは反応速度の濃度変化を両対数グラフ（図2）にとれば，その傾きが反応次数 n を与えることを示している。しかし，一般に反応時間が経過し，反応が進むと系内に生成物とか，場合によっては不純物とかが蓄積し，反応速度を正確に測定することが困難になる。そこで初速度 v_0 とよばれるものを用いることが多い。

初速度は反応開始直後，すなわち出発物 A の濃度が初濃度 $[A]_0$ のときの反応速度をいう。初速度の測定法は一般に2通りある。

(2) 初速度の測定

◎ 接線法

図3は初濃度を $[A]_0^1$ としたときの A の濃度変化を表わしたグラフである。この図で，$t = 0$ の時点で接線を引けば，その傾きがすなわち $[A]_0^1$ の初速度 v_0^1 となる。同様の方法で各初濃度 $[A]_0^2$，$[A]_0^3$ の反応系を調合し，それに対して初速度 v_0^2，v_0^3 を測定する。そして，それらの値を図2のグラフに代入すれば反応次数が求まることになる。しかし，この方法は接線の引き方にある程度任意性が入り正確さに欠ける。そこで用いられるのが次の外挿法である。

◎ 外挿法

図3で時間を適当時間 Δt 毎に区切り，その時間範囲毎に平均速度 v_{av}^1，v_{av}^2，v_{av}^3，…を求める。この平均速度を時間に対してプロットすると図4となる。ここで，この曲線を時間 $t = 0$ に外挿すれば $[A]_0^1$ に対する初速度 v_0^1 が求められるわけである。同じことをいくつかの初濃度 $[A]_0^2$，$[A]_0^3$，…に対して行えば，v_0^2，v_0^3 …が求められる。式(11)の速度 v と濃度 $[A]$ をそれぞれ初速度 v_0，初濃度 $[A]_0$ に変えると式(12)となり，これから図5を作図するとその傾きから反応次数 n が求められる。

反応次数の決定

$$v = k[\mathrm{A}]^n \tag{5}$$

$$\log v = \log k + n \log [\mathrm{A}] \tag{11}$$

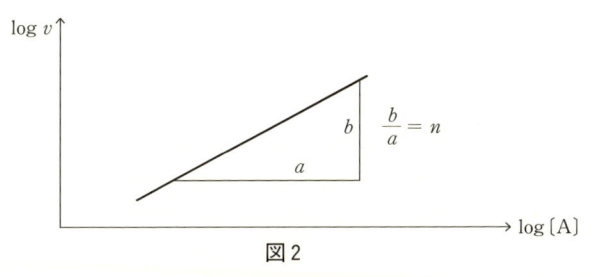

図2

初速度の利用

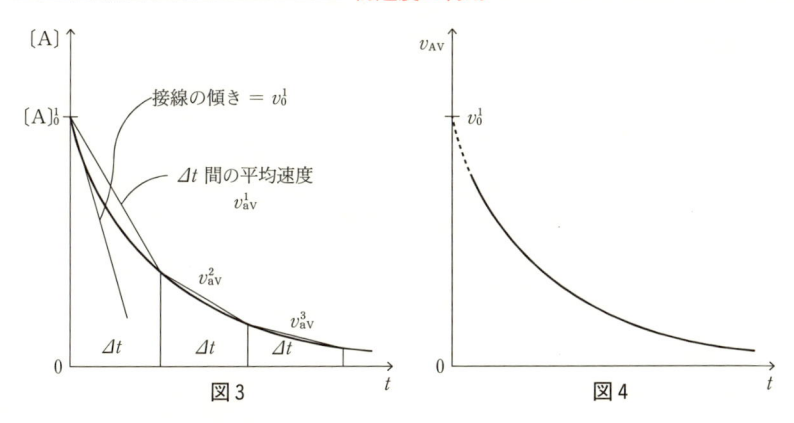

図3　図4

$$\log v_0 = \log k + n \log [\mathrm{A}]_0 \tag{12}$$

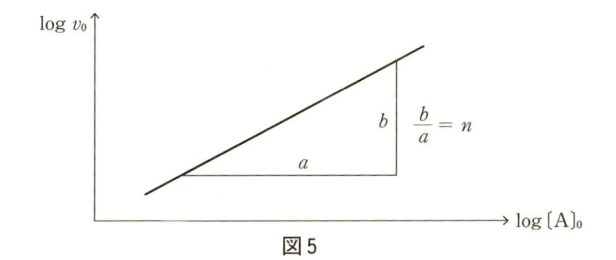

図5

4 反応速度に影響するもの

速度定数 k と反応次数 n は共に反応速度に大きく影響する数値である。それだけに，これらの中には反応解析に必要なたくさんの情報がつまっている。

(1) 速度定数

A を出発物とする 2 つの反応があり，その速度定数 k に大小があったとしよう。この場合には，図 6 に示すように，速度定数の大きい反応の方が速く進行する。すなわち，出発物 A の濃度減少の時間依存性は大きい速度定数を持つ反応の方が大きいのである。

(2) 反応次数
◎ 反応速度

A の関与する一次反応と二次反応とがあり，両者とも同じ初速度で反応していたとする。この反応を A の濃度減少で見たのが図 7 である。一次反応の方が速く進行していることがわかる。これは，一次反応は，本質的に分子 1 個で反応し，他の分子の影響を受けずに進行するのに対し，二次反応では他分子との衝突が反応進行に必要だからである。すなわち，二次反応では周りの分子との出会いと衝突の確率が反応速度を支配するのである。

◎ 衝突確率

図 8 にその様子を示した。反応初期では，問題にする A 分子の周りに反応相手の A 分子は多く存在し，衝突の確率，すなわち，反応の確率は大きい。しかし，時間が経つにつれて他の A 分子は反応して生成物 P に変わってしまう。すなわち，A 分子の数は減少を続ける。これは問題の A 分子が他の A 分子と出会う確率が極端に少なくなったことを意味する。これでは，反応の起こる確率，すなわち，反応速度も小さくなるに決まっている。

A を同世代の男性あるいは女性と考え，生成物を結婚したカップルと考えれば，この関係は明白である。若いうちには相手はたくさんいる。しかし，結婚を遅らせた同世代男女が結婚に至る確率には，かなり厳しいものがあるようである。注意すべきことかもしれない。

速度定数

$$A \xrightarrow{k_1} P^1$$
$$A \xrightarrow{k_2} P^2 \qquad k_1 > k_2$$

図6

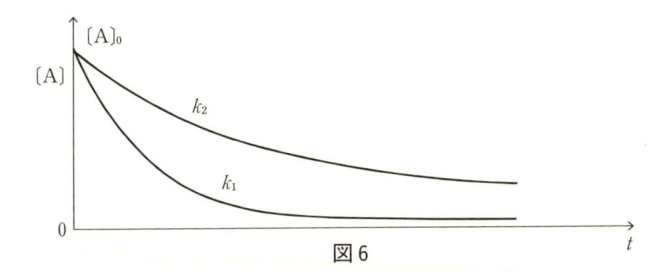

反応次数

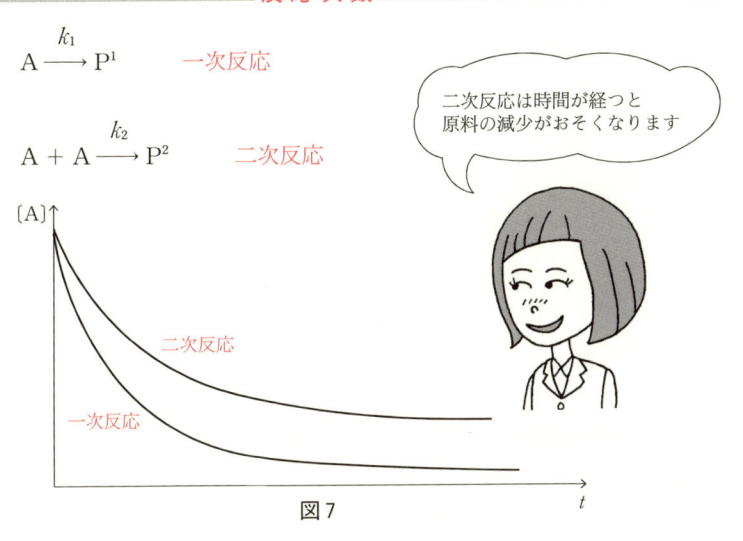

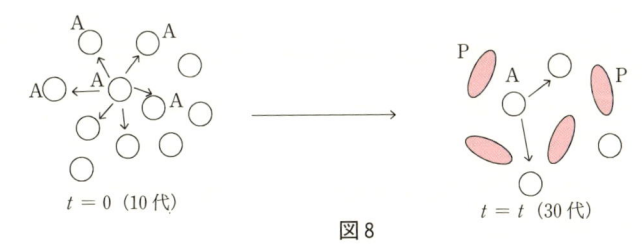

$$A \xrightarrow{k_1} P^1 \quad \text{一次反応}$$

$$A + A \xrightarrow{k_2} P^2 \quad \text{二次反応}$$

二次反応は時間が経つと原料の減少がおそくなります

図7

$t = 0$（10代） $\longrightarrow$ $t = t$（30代）

図8

5 反応とエネルギー

多くの有機化学反応は加熱しなければ反応しない。これは，その反応が進行するためには熱，すなわち，エネルギーが供給されなければならないことを示すものである。

（1） 化学反応とエネルギー

化学反応には2つの側面がある。1つは物質変化，すなわち，出発分子の分子構造が生成物の分子構造に変化するというものである。有機合成化学はこの面を強調した研究ということができよう。

そして，もう1つはエネルギー変化であり，反応速度論はこの面に光を当てる研究と見ることもできよう。すべての分子は固有の内部エネルギーを持っている，内部エネルギーとは，分子の持っているすべてのエネルギーのうち，分子の重心の移動に関係した運動エネルギーを除いたすべてのものである。

出発系のエネルギーと生成系のエネルギーを比較して，前者が大きければ反応が進行するにつれて余分なエネルギーを外部に放出する。このようなエネルギーを反応エネルギーと呼び，エネルギーを放出する反応は発熱反応と呼ばれる。反対に生成系の方が高エネルギーならば，反応が進行するためには外部からエネルギーを取り入れる必要があり吸熱反応となる。反応エネルギーは出発物と生成物にのみ関係したエネルギーであり，反応の途中経過に関係しない。

（2） 有効な衝突になるためのエネルギー

化学反応に関係したエネルギーは反応エネルギーだけではない。

先に化学反応は分子の衝突によって引き起こされることを見た。これは，化学反応は自動車の衝突事故に似たものと考えることができることを示している。自動車が衝突したからといって，いつも警察に届けるべき大事故になっているとは限らない。車体が変形するような大事故になるためには，すくなくともどちらかの車はスピードを上げて，すなわち高エネルギーで運動していなければならない。分子が持っている運動エネルギーの分布はボルツマン分布で表される。それは図10のようなものである。

反応エネルギー

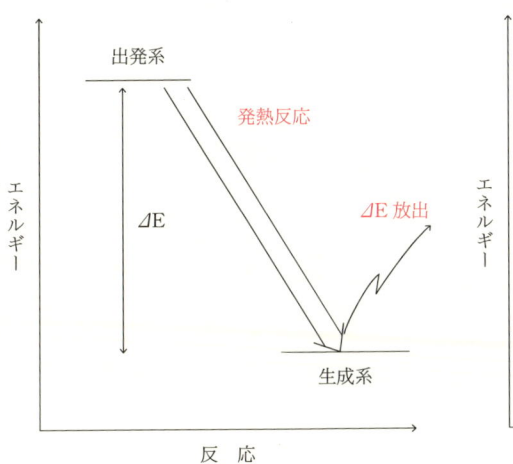

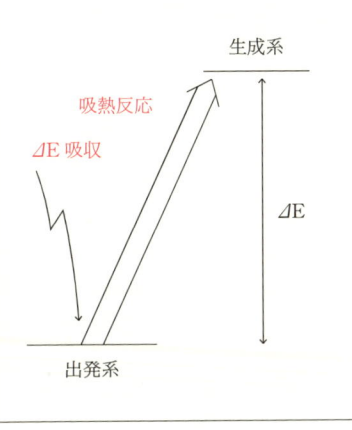

エネルギー / 出発系 / 発熱反応 / ΔE / ΔE 放出 / 生成系 / 反応

エネルギー / 生成系 / 吸熱反応 / ΔE 吸収 / ΔE / 出発系 / 反応

図9

有効な衝突

ドッカーン

事故＝化学反応

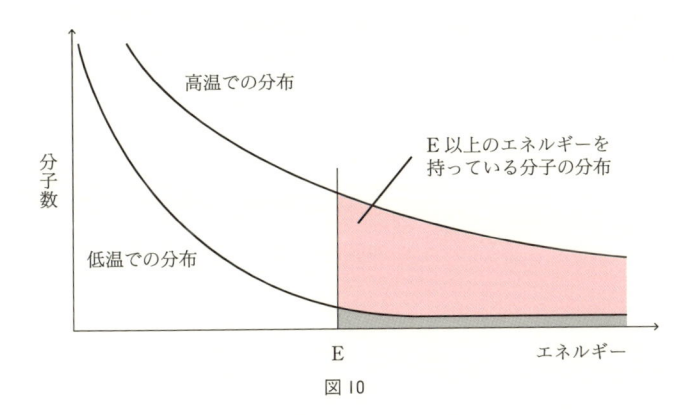

分子数 / 高温での分布 / 低温での分布 / E以上のエネルギーを持っている分子の分布 / E / エネルギー

図10

演習問題 1

次の反応の初速度 v_0 を A，B の各初濃度 $[A]_0$，$[B]_0$ を変化させて測定したところ，次の実験値を得た。反応次数 m，n と速度定数 k を求めよ。

$$2A + B \longrightarrow A_2 + B$$
$$v = k[A]^m[B]^n$$

実験値

		$[A]_0$		
		5.0×10^{-4}	1.0×10^{-3}	3.0×10^{-3}
	2.0×10^{-4}	1.7×10^{-3}	7.0×10^{-3}	6.2×10^{-2}
$[B]_0$	1.0×10^{-3}	8.7×10^{-3}	3.5×10^{-2}	3.0×10^{-1}
	2.0×10^{-3}	1.7×10^{-2}	7.0×10^{-2}	6.2×10^{-1}

解 答

速度則を対数形に直し，各項を a，b，c，d とする。

$$\ln v = \ln k + m \ln A + n \ln B$$
$$\quad\text{a}\quad\quad\text{b}\quad\quad\text{c}\quad\quad\text{d}$$

a 項と c 項の関係より m を求める。

$[B]_0 = 2.0 \times 10^{-4}$ の値より必要な値を計算する。

$[A]_0$	5.0×10^{-4}	1.0×10^{-3}	3.0×10^{-3}
c ($\ln [A]_0$)	-7.6	-6.9	-5.8
v_0	1.7×10^{-3}	7.0×10^{-3}	6.2×10^{-2}
a ($\ln v_0$)	-6.4	-5.0	-2.8

以上の関係をグラフにすると次図となる。

これより傾きを求めると，$m = \dfrac{3.6}{1.8} = 2$ となる。

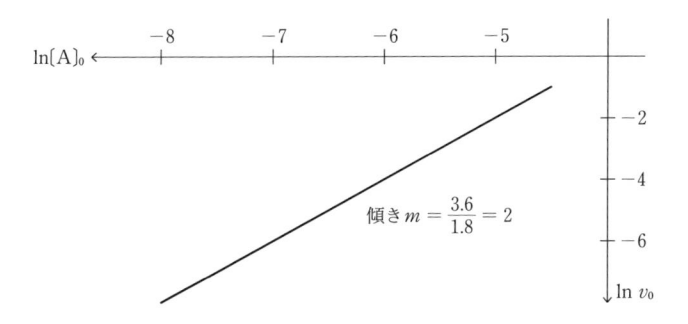

```
                    −8      −7      −6      −5
  ln[A]₀ ←────┼──────┼──────┼──────┼──────┼
                                                │
                                                ├ −2
                                                │
                                           ╱    ├ −4
                                       ╱        │
                              傾き m = 3.6/1.8 = 2
                                                ├ −6
                                                │
                                                ↓ ln v₀
```

a と b についても同様の扱いをする。

[B]₀	2.0×10^{-4}	1.0×10^{-3}	2.0×10^{-3}
d (ln[B]₀)	− 8.5	− 6.9	− 6.2
v_0	1.7×10^{-3}	8.7×10^{-3}	1.7×10^{-2}
a (ln v_0)	− 6.4	− 4.7	− 4.1

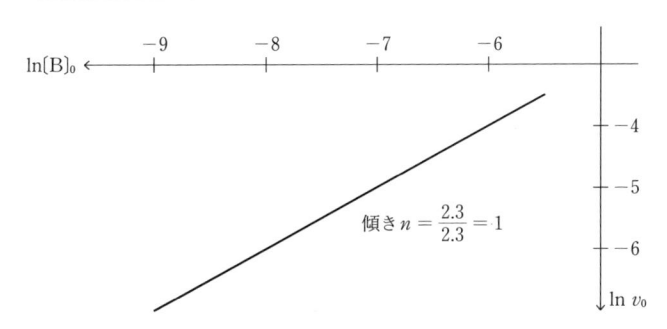

```
                    −9      −8      −7      −6
  ln[B]₀ ←────┼──────┼──────┼──────┼──────┼
                                                │
                                                ├ −4
                                           ╱    │
                                       ╱        ├ −5
                              傾き n = 2.3/2.3 = 1
                                                ├ −6
                                                │
                                                ↓ ln v₀
```

$m = 2$, $n = 1$ を代入して下式を得る。

$$\ln v = \ln k + 2 \ln [A]_0 + \ln [B]_0$$

上式に適当な実験値を入れる。

例えば，$[A]_0 = 5.0 \times 10^4$, $[B]_0 = 2.0 \times 10^{-4}$ のとき，$v_0 = 1.7 \times 10^{-3}$

$$-6.4 = \ln k + 2 \times (-7.6) - 8.5$$

$$\ln k = 17 \quad k = 2.4 \times 10^7$$

したがって速度則は下式となる。

$$v = \frac{d[A_2]}{dt} = 2.4 \times 10^7 [A]^2 [B]$$

第 3 章
積分速度式

　反応速度論ではいくつかの解析手法がある。その1つが反応速度式を積分するもので，一般に積分速度式といわれる。積分速度式をグラフ化すると，その傾きから速度定数 k が求まる。反応速度を端的に表すものに半減期 $t_{1/2}$ ある。半減期が短いものほど速い反応であり，半減期から速度定数を求めることができる。

1 積分速度式

一般的な反応速度式，すなわち，2章1節の式(5)では，反応を解析するには不便である。速度定数を求めるなどの反応速度解析は，おもに速度式を積分形に直した積分速度式（integrated rate equation）を用いることになる。

（1） 数式処理
AがPに変化する一次反応(1)の速度式が式(1)で与えられることは，先に2章2節の式(7)で見た通りである。

式(1)を変形すると式(2)となる。式(2)は積分に用いられる形になっているので，条件を入れて定積分すると，公式にしたがって式(4)となる。条件とは，反応開始時，すなわち，$t=0$ のとき，Aの濃度は初濃度 $[A]_0$ であり，一定時間が経過したとき，$(t=t)$ には濃度 $[A]$ になるというものである。

式(3)の積分は濃度に対するものなので，$[A]_0$ から $[A]$ までの定積分をとり，それに対して右辺は時間に対するものだから，$t=0$ から t までの積分をとるわけである。

式(4)は書き直すと式(5)，もしくは式(6)となる。どちらでも使いやすい方を使えばよいが，一般には式(5)がよく用いられる。

（2） グラフ化
反応速度の解析にはグラフを用いると便利なことが多い。

式(5)は濃度比の対数と時間とが直線関係になり，その傾きが速度定数を与えるということを示す。この関係を示したのが図1である。

この関係はまた，反応次数の決定，確認にも用いられる。すなわち，濃度比の対数と時間をグラフにとり，もし，両者が直線関係を与えれば，その反応は一次反応ということになるわけである。

一次反応

$$A \xrightarrow{k_1} P \qquad (反応1)$$

$$-\frac{d[A]}{dt} = k_1[A] \qquad (1)$$

$$-\frac{d[A]}{[A]} = k_1 dt \qquad (2)$$

上式を積分する

条件 $t = 0 \longrightarrow [A] = [A]_0$

$t = t \longrightarrow [A] = [A]$

$$\int_{[A]_0}^{[A]} -\frac{d[A]}{[A]} = \int_0^t k_1 dt \qquad (3)$$

$$\therefore -(\ln[A] - \ln[A]_0) = k_1 t \qquad (4)$$

$$\ln\frac{[A]}{[A]_0} = -k_1 t \qquad (5)$$

or

$$[A] = [A]_0 e^{-k_1 t} \qquad (6)$$

> 式の変形は公式を見ればヘッチャラヨ！

グラフ化

$\ln\dfrac{[A]}{[A]_0}$ と t の間に直線関係があり，傾きが k_1 を与える。

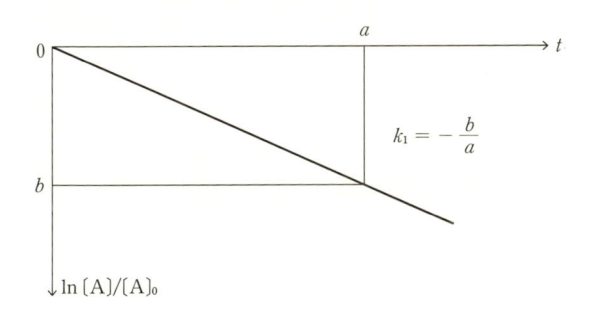

$k_1 = -\dfrac{b}{a}$

図1

2　二次反応の積分速度式

　前節で一次反応について解析したので，本節では二次反応について解析することにしよう。

（1）　二次反応の種類

　二次反応の典型的な例は，2個の分子が衝突して起こす反応であり，一般に2分子反応といわれるものである。しかし，2分子反応にも2種類がある。それは同じ種類の分子AとAが反応する反応と，互いに異なる種類の分子AとBが反応する反応である。ここではより一般的なケースである，AとBの反応について見てみることにしよう。

（2）　正統的な解析

　解析の方法にはいくつかある。ここでは少々煩雑ではあるが，もっとも正統的と思われる方法で解析してみよう。
　二次反応の一般形は反応2であり，その速度式は式(7)となる。A，Bの初濃度をそれぞれ $[A]_0$，$[B]_0$ と定義し，一定時間（t）経過したときの生成物Pの濃度を x と置くと，A，Bの濃度はそれぞれ式(8)で表わされる。式(7)に式(8)を代入すると式(9)となる。
　式(9)を前節と同様に，積分形に書き換えたのが式(10)である。反応開始時（$t = 0$）に反応系に存在するのは出発物質A，Bのみであり，生成物Pはまだ存在しないわけであるから $x = 0$ であり，この条件で式(11)を積分すると式(12)となる。
　反応の解析は式(12)を用いて行われる。この式は右辺の対数項と時間（t）が直線関係を与え，その傾きから速度定数が求められることを示す。その関係を示したのが図2である。このように簡単な作図から速度定数 k_2 が求められることがわかる。

正統的な解析

$$A + B \xrightarrow{k_2} P \qquad (反応2)$$

$$\frac{d[P]}{dt} = k_2[A][B] \qquad (7)$$

初濃度 $[A]_0$, $[B]_0$ と置くと

$[P] = x$

$$\left.\begin{array}{l}[A] = [A]_0 - x \\ [B] = [B]_0 - x\end{array}\right\} \qquad (8)$$

$$\therefore \quad \frac{dx}{dt} = k_2([A]_0 - x)([B]_0 - x) \qquad (9)$$

$$k_2 dt = \frac{dx}{([A]_0 - x)([B]_0 - x)} \qquad (10)$$

$t = 0 \longrightarrow x = 0$ であるから

$$\int_0^t k_2 dt = k_2 t = \int_0^x \frac{dx}{([A]_0 - x)([B]_0 - x)} \qquad (11)$$

$$k_2 t = \frac{1}{[A]_0 - [B]_0} \ln \frac{[A][B]_0}{[A]_0 [B]} \qquad (12)$$

ただし, $\left.\begin{array}{l}[A] = [A]_0 - x \\ [B] = [B]_0 - x\end{array}\right\} \qquad (13)$

速度定数

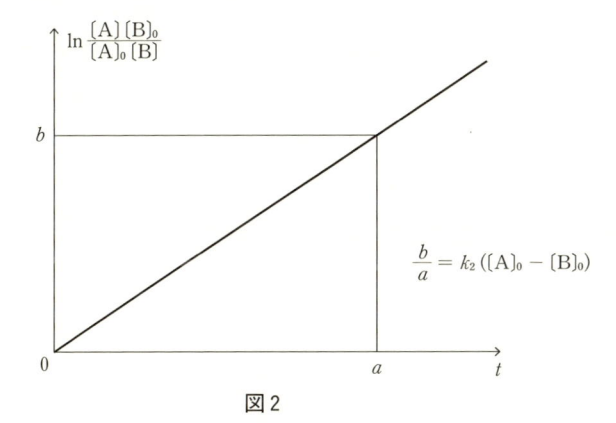

図2

3　簡便な解析

二次反応の解析はもっと簡単にできる。次にその例を見てみよう。

（1）　$[A]_0=[B]_0$ の場合

A，Bの初濃度が等しい場合，濃度的にAとBに違いはないことになり，したがって，反応2は簡単に反応3となる。反応3に対応する速度式は式(13)で，これを積分式にすると式(14)となる。式(14)を積分すると，式(15)もしくは式(16)となる。式(15)は濃度の逆数と時間が直線関係を与え，その傾きが速度定数を与えることを示す。これを図示したのが図3である。

（2）　オズワルド（Ostwald）の分離法

反応2で，もし，Bが大過剰に存在したとしたらどうであろう。このとき，実際に反応に使われるBの量は無視できることになり，したがって，Bの濃度は反応の全過程を通じてほとんど変化しない，すなわち，[B]＝一定とみなせることになる。この関係を速度式(7)に代入すると式(17)となる。

$$A + B \rightarrow P \qquad \text{（反応2）}$$
$$[B] = \text{一定}$$
$$d[P]/dt = k_2[A][B] \qquad (7)$$
$$= k_2'[A] \qquad (17)$$

式(17)は，先に見た式(1)に相当し，反応は一次反応として解析できることがわかる。具体的にはBが溶媒である場合，すなわち，加水分解に代表される加溶媒分解反応などである。同じように考えると，速度式(18)で表わされる三次反応4では，Aが過剰なら一次反応として式(19)で，また，Bが過剰なら二次反応として式(20)で解析できることになる。

$$2A + B \rightarrow P \qquad \text{（反応4）}$$
$$d[P]/dt = k_3[A]^2[B] \qquad (18)$$
$$d[P]/dt = k_3'[B] \qquad (19)$$
$$d[P]/dt = k_3''[A]^2 \qquad (20)$$

このような解析法を考案者の名前をとって，オズワルドの分離法という。

$[A]_0 = [B]_0$ の場合

$$2A \xrightarrow{k_2} P \tag{反応 3}$$

$$-\frac{d[A]}{dt} = k_2[A]^2 \tag{13}$$

$$\int_{[A]_0}^{[A]} \frac{-d[A]}{[A]^2} = \int_0^t k_2 dt \tag{14}$$

前節に比べてウンと簡単化されてま〜す！

$$\frac{1}{[A]} = \frac{1}{[A]_0} + k_2 t \tag{15}$$

or

$$[A] = \frac{[A]_0}{1 + k_2 t [A]_0} \tag{16}$$

$\dfrac{1}{[A]}$ と t の間に直線関係があり，傾きが k_2 を与える。

速度定数

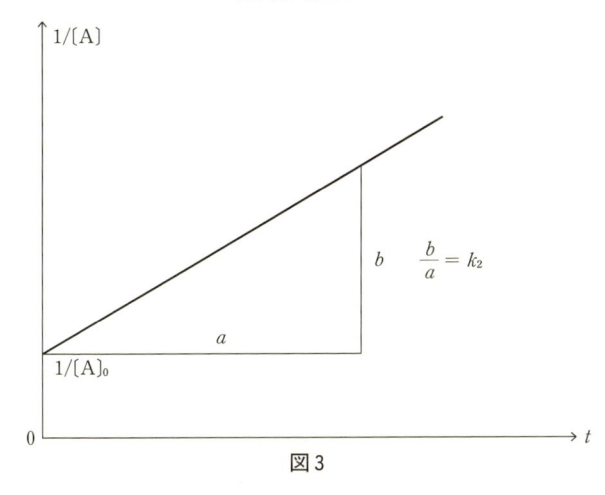

図3

縦軸: $1/[A]$、横軸: t、切片: $1/[A]_0$、$\dfrac{b}{a} = k_2$

4 半減期

反応が進行すれば出発物の量（濃度）は減少して行く。この出発物の濃度がちょうど半分になるまでに要する時間を半減期（half-life, $t_{1/2}$）という。

（1） 半減期と濃度変化

図4に半減期 $t_{1/2}$ の反応5に関して，出発物Aの濃度と半減期との関係を示した。半減期を経過すると濃度は最初の半分の50％になる。さらに半減期だけの時間が経過すると，50％の半分25％になっている。このように，第1，2，3半減期と時間が経過するにつれ，濃度は半分，半分，さらにその半分と半減して行く。

（2） 一次反応の半減期

反応1で表わされる一次反応の積分速度式は式(5)であった。この式に半減期の定義，式(21)を代入すると式(22)となる。これから速度定数 k_1 が式(23)で求まる。また，半減期は速度定数を使って式(24)で表わされる。このことから次のことがいえる。

（3） 半減期からわかること

1　半減期より速度定数が求まる。
2　一次反応では半減期は初濃度に無関係である。

最初の事実は実験的に大きい意味を持つ。大抵の測定実験で半減期測定は最も簡単でかつ確実な結果の1つである。したがって，これから速度定数を求めるのはかなり容易といえる。

2番目の事実は一次反応の特色である。つまり，半減期が初濃度に無関係で常に一定なら，その反応は一次反応であるということになる。このことは，次に述べる二次反応と比較すると明白である。

原子核の崩壊は典型的な一次反応であり，したがって，原子核の崩壊反応の速度は半減期を使って表されることが多い。半減期はまた，不安定原子核の寿命の長短を表すものである。

半 減 期

$$A \xrightarrow{t_{1/2}=t} P \qquad (反応5)$$

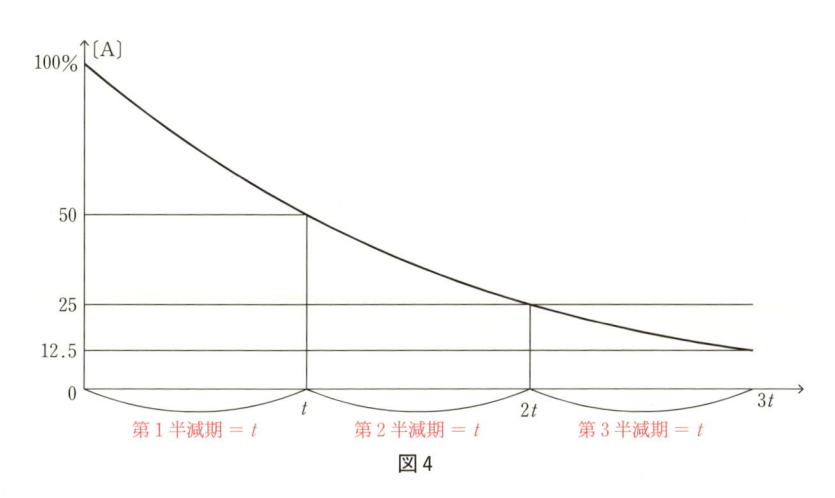

図4

一 次 反 応

$$A \xrightarrow{k_1} P \qquad (反応1)$$

$$\ln \frac{[A]}{[A]_0} = -k_1 t \qquad (5)$$

$$t = t_{1/2} \longrightarrow [A] = \frac{1}{2}[A]_0 \qquad (21)$$

$$\therefore \ \ln \frac{1}{2} = -\ln 2 = -k_1 t_{1/2} \qquad (22)$$

$$\therefore \ k_1 = \frac{\ln 2}{t_{1/2}} \qquad (23)$$

$$t_{1/2} = \frac{\ln 2}{k_1} \qquad (24)$$

半減期より速度定数が求まります
そして，半減期は初濃度に無関係で〜す

5　二次反応の半減期

先に見たように，反応3で表わされる二次反応の積分速度式は式(15)であった．式(15)に先ほどの半減期の定義式(21)を代入すると式(25)が得られる．この関係から，二次反応の半減期と速度定数は，それぞれ式(26)，式(27)として与えられる．

式(26)は半減期が初濃度の逆数に比例することを示している．すなわち，濃度が高ければ高いほど，反応が速く進行することを示す．これは，先ほど1章2節(2)項で述べたことに対応しているわけである．

この関係を図示したのが図5である．反応が進行して，出発物濃度が減少するにつれ，半減期が長くなっていることがわかる．

| コラム | 年代測定

古代の木材中に含まれる ^{14}C の量は生木の 70% であった．この古木が伐採されたのは何年前か．ただし，^{14}C の $t_{1/2}$ は 5730 年である．

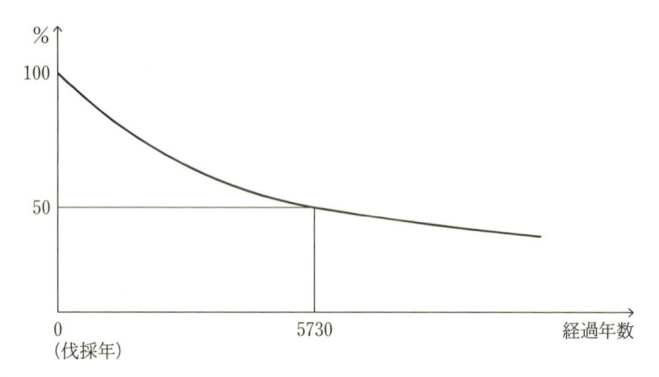

| 解答

生長する木は炭酸同化作用により ^{14}C を取り込むので，^{14}C の量は大気の組成と同じである．枯死した時点から ^{14}C は減少を始めることになる（この年代測定法には大気の ^{14}C の組成は古来より不変との前提がある）．式(5)と式(21)より，

$$\ln\left(\frac{[^{14}C]}{[^{14}C]_0}\right) = -\ln\frac{2}{t_{1/2} \cdot t}$$

$$\therefore \quad t = \frac{5730}{\ln 2} \times \ln\left(\frac{1}{0.70}\right) = \frac{5730}{0.693} \times 0.357 = 2900 \text{ 年 （有効数字2桁）}$$

━━━━━━━━━━━━━━━━ 二次反応 ━━━━━━━━━━━━━━━━

$$2A \xrightarrow{k_2} P \qquad (反応3)$$

$$k_2 t = \frac{1}{[A]} - \frac{1}{[A]_0} \tag{15}$$

$$k_2 t_{1/2} = \frac{1}{\frac{[A]_0}{2}} - \frac{1}{[A]_0} = \frac{1}{[A]_0} \tag{25}$$

$$\therefore \quad t_{1/2} = \frac{1}{k_2 [A]_0} \tag{26}$$

$$k_2 = \frac{1}{t_{1/2} [A]_0} \tag{27}$$

半減期と初濃度より速度定数が求まる。
半減期は初濃度に反比例。

━━━━━━━━━━━━━━━━ 半 減 期 ━━━━━━━━━━━━━━━━

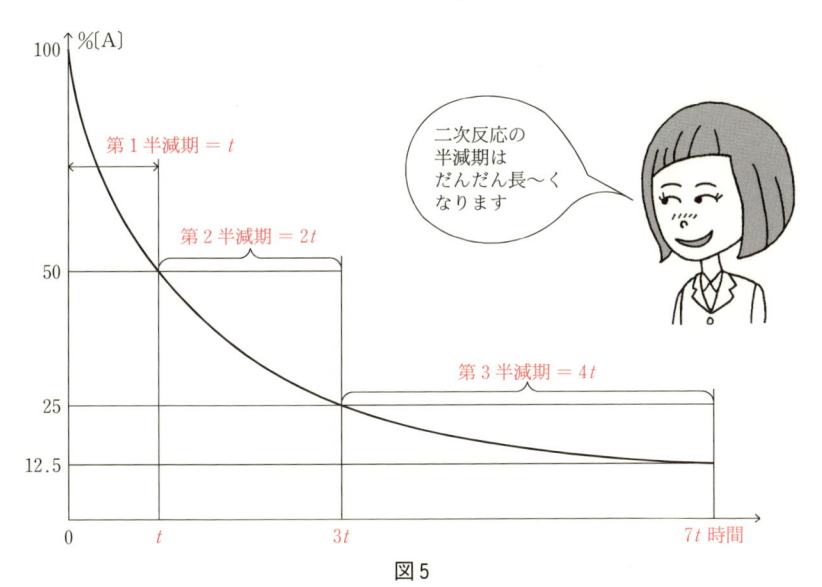

図5

第1半減期 = t
第2半減期 = $2t$
第3半減期 = $4t$

二次反応の半減期はだんだん長〜くなります

演習問題 1

次の一次反応におけるAの圧力の時間変化は実験値に示す通りとなった。速度定数 k を求めよ。

A → B

実験値

時　間 (s)	0	1.000	2.000	3.000	4.000
Aの圧力 (mmHg)	820	570	400	280	200

解　答

式(17)より次の式が導かれる。

$$\ln \frac{[A]}{[A]_0} = \ln \frac{P}{P_0} = -kt$$

$\ln \dfrac{P}{P_0}$ を各時間毎に計算すると次の通りとなる。

計　算

時　間	0	1.000	2.000	3.000	4.000
$\ln P/P_0$	0	-0.36	-0.72	-1.07	-1.41

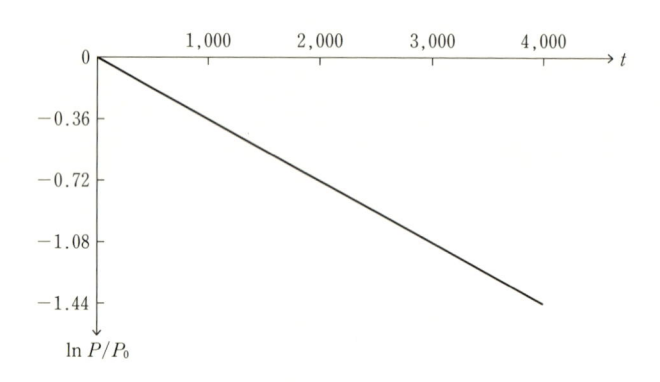

この関係をグラフにすると下図となる。

これより，$-k = \dfrac{-1.41}{4000} = -3.5 \times 10^{-4}$

$\therefore \quad k = 3.5 \times 10^{-4} \mathrm{s}^{-1}$

演習問題 2

次の二次反応を A, B の初濃度を共に 5.00×10^{-3} mol/dm^3 で行った。A の濃度の時間変化は実験値に示す通りとなった。速度定数 k を求めよ。

$$A + B \rightarrow C + D$$

実験値

時　間 (m)	0	5	10	15
A の濃度 (mol・dm$^2 \times 10^3$)	5.0	2.6	1.7	1.3

解　答

式(27)より $1/[A]$ を計算すると次のようになる。

計　算

時　間	0	5	10	15
$(1/[A]) \times 10^2$	2.0	3.8	5.9	7.7

この関係をグラフにすると下図となる。

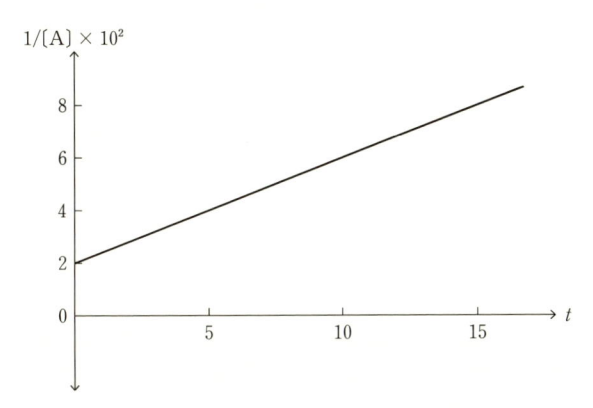

これより

$$傾き = 3.9 \times 10$$

$$\therefore \quad k_2 = 3.9 \times 10 \text{ mol}^{-1}\cdot\text{dm}^3\cdot\text{min}^{-1}$$

第4章

反応の解析

> 前章で速度式がどのようなものであるかを単純化された反応について見てきた。しかし，実際の反応は複雑であり，いくつかの種類の反応が連続したり，あるいは競争したりしている。この章では，実際の反応に即して速度式を組立て，反応がどのように解析されるかを見て行こう。

1　素 反 応

　1回の反応だけで完結している反応を素反応（elementary reaction）という。前章で扱った反応はすべて素反応であった。ここでは，反応に関わる分子数に応じて，素反応を単分子反応（unimolecular reaction）と2分子反応（bimolecular reaction）に分けて考えてみよう。

（1）　単分子反応
　反応1のように，出発物が1分子である反応をいう。この反応が一次反応であり，速度則が式(1)で示されること，および，その出発物と生成物の濃度変化が図1で表わされることは，先で見た通りである。

（2）　2分子反応
　反応2では出発物はA，Bの2分子である。このように反応に関する分子が2個の反応を2分子反応という。この反応は二次反応であり，速度式は式(2)となり，濃度変化は図2で表わされる。

（3）　3分子反応
　ほとんどすべての反応は，この1分子反応と2分子反応の組合せからなっている。3分子以上が同時に衝突して反応するような反応は確率的に無理があるからである。
　次に1分子反応と2分子反応が組合わされた複雑な反応の例を見て行こう。

単分子反応

$$A \xrightarrow{k_1} P \qquad (反応1)$$

$$\frac{d[P]}{dt} = k_1[A] \qquad (1)$$

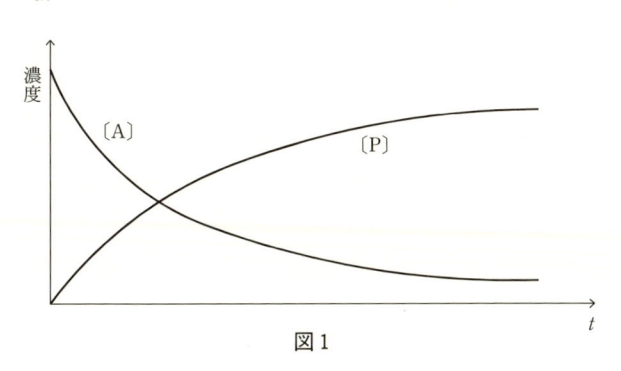

図1

2分子反応

$$A + B \xrightarrow{k_2} P \qquad (反応2)$$

$$\frac{d[P]}{dt} = k_2[A][B] \qquad (2)$$

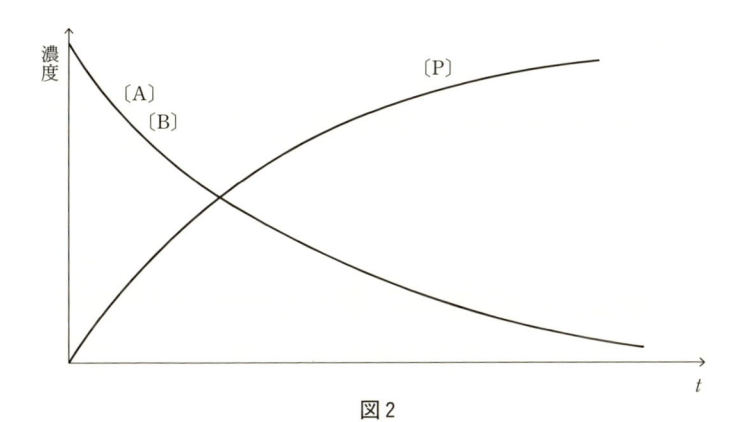

図2

2 逐次反応

いくつかの素反応が連続して起こる反応を全体として逐次反応（ちくじはんのう），あるいは多段階反応という。

（1） 逐次素反応

反応3のような，1分子反応が連続する逐次反応を見てみよう。この反応は出発物Aが速度定数k_aでBとなり，Bはさらに速度定数k_bでCになっている。この場合，各々の反応を逐次素反応あるいは単に素反応といい，Cを最終生成物，Bを中間体，A，B，Cをまとめて反応成分ということもある。

この型の反応例は枚挙にいとまがないが，反応4のように原子核がβ線（電子）を放出し，質量数一定のまま，次々に原子番号を増加して行くβ崩壊などは，その典型的なものである。なお，各々の矢印の上に示した数値は各段階の半減期である。

（2） 逐次反応の解析
◎ 反応成分の速度式

反応3を解析してみよう。まずA，B，Cそれぞれの速度式（濃度変化の微分式）を書いてみる。Aについての速度式(3)と，Cについての速度式(5)は問題なかろうが，Bについての速度式は注意する必要がある。すなわち，Bの濃度変化にはAから生じる増加の分と，Cに変化する減少の分とがあるのである。このようにしてBの速度式は式(4)となる。

◎ 反応成分の濃度変化

3章1節の式(6)にしたがって，式(3)より［A］は式(6)で表わされる。さて，反応の最初にはAのみしか存在しなかったのだから，一定時間後のA，B，C各濃度の和はAの初濃度［A］$_0$に等しいはずであり，したがって，式(7)が成立する。また，B，Cの初濃度はそれぞれゼロであるから式(8)が成立する。

以上の関係を使って［B］を求めると，ちょっと複雑な式ではあるが，式(9)で表わされることになる。同様にして［C］は式(10)となる。

逐次反応

$$A \xrightarrow{k_a} B \xrightarrow{k_b} C \quad \text{(反応 3)}$$

$$^{210}\text{Tl} \xrightarrow{1.32\,\text{分}} {}^{210}\text{Pb} \xrightarrow{22\,\text{年}} {}^{210}\text{Bi} \xrightarrow{5\,\text{日}} {}^{210}\text{Po} \quad \text{(反応 4)}$$

速度式

$$\begin{cases} \dfrac{d[A]}{dt} = -k_a[A] & (3) \\[4pt] \dfrac{d[B]}{dt} = k_a[A] - k_b[B] & (4) \\[4pt] \dfrac{d[C]}{dt} = k_b[B] & (5) \end{cases}$$

式(3)より

$$[A] = [A]_0 e^{-k_a t} \quad (6)$$

反応開始時はAのみだったから

$$[A]_0 = [A] + [B] + [C] \quad (7)$$

$$[B]_0 = [C]_0 = 0 \quad (8)$$

式(6)を式(4)に代入し,式(8)の関係を使うと

$$[B] = [A]_0 \left(\dfrac{k_a}{k_b - k_a}\right)(e^{-k_a t} - e^{-k_b t}) \quad (9)$$

式(6),式(7),式(9)より

$$[C] = [A]_0 \left\{ 1 + \dfrac{1}{k_a - k_b}(k_b e^{-k_a t} - k_a e^{-k_b t}) \right\} \quad (10)$$

> Bについての速度式は増加の分と減少の分があるから注意が必要ね！

3　濃度変化

反応 3 における成分 A，B，C それぞれの濃度の時間変化を図 3，図 4 に示した。

（1）濃度変化のグラフ

図 3，図 4 の違いは 2 つの速度定数 k_a，k_b の違いに基づく。k_a が k_b より大きい図 3 の場合には，B の濃度に明らかな極大値が認められる。しかし，k_b が k_a より大きい図 4 の場合には，生成した B は，ただちに C に変化してしまうことより，B の濃度に顕著な極大値は認められない。

（2）中間体の濃度

この図 3，図 4 は頭に入れておく必要がある。実験室で行う多くの反応，特に有機化学反応は逐次反応になっていることが多く，目的の生成物 B は条件次第で C，さらには D へと変化する。実験条件が意図して設定されたものならともかく，時には不注意に基づく高温，空気中の酸素，湿気などとの接触によって意図せぬ逐次反応になってしまうことがある。B が図 4 で推移するものなら，多少の条件変動には関係なく B は得られるが，もし図 3 で推移するものなら，B の生成は，再現性のあやういものとなりかねない。

（3）極大濃度を与える時間

さて，反応 3 の反応を用いて B を合成しようとする場合には，一連の反応をどの時点で打ち切って B を単離するかが大きな問題となる。特に企業スケールで B を合成する場合，反応時間のちょっとした長短が，企業収益を左右することになりかねない。B の極大濃度を与える時点 t_{max} をいかに上手に探り当てられるかが問題となる。

そのためには，B の濃度を時間で微分する以外ない。式（9）を微分すると式（11）となる。これより，式（12）が出てくるので，その対数をとると式（13）となり，したがって，t_{max} は式（14）で与えられることになる。

逐次反応の濃度変化

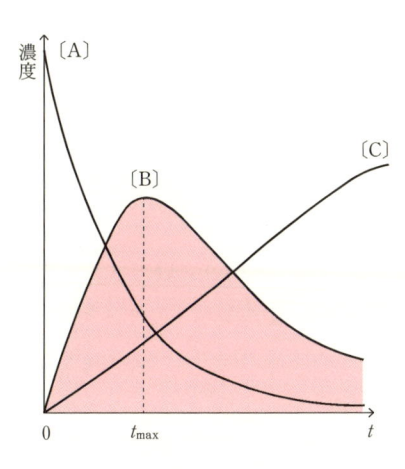

$$A \xrightarrow{k_a} B \xrightarrow{k_b} C \qquad \text{(反応3)}$$

図3 $k_a > k_b$

図4 $k_a < k_b$

極 大 濃 度

[B] が極大濃度に至る時間 $t_{\max}$ を求める。

式(9)を時間で微分する。

$$\frac{d[B]}{dt} = [A]_0 \frac{-k_a}{k_b - k_a}(k_a e^{-k_a t} - k_b e^{-k_b t}) = 0 \tag{11}$$

$$\therefore \quad k_a e^{-k_a t} = k_b e^{-k_b t} \tag{12}$$

上式の対数をとると

$$\ln k_a - k_a t = \ln k_b - k_b t \tag{13}$$

$$t = \frac{1}{k_a - k_b} \ln \frac{k_a}{k_b} \tag{14}$$

k_a と k_b の大小関係で中間体 B の濃度変化は大きくなります

4　定常状態近似

　反応速度を解析する場合，近似法を使うと数式の解析が容易になり，また，反応全体が良く理解できるようになることがある。そのような近次法の1つとして，よく使われるものに定常状態近似がある。

（1）　近似による解析

　反応3において，k_bがk_aより圧倒的に大きい場合にどのような現象が起こるか検討して見よう。

　先の考察により，A，Bの各濃度が各々，式（6），式（9）で表わされることを見た。この両式の成分に速度定数の大小関係を適用すると，式(11)と式(12)の関係が導かれる。この関係を式（9）に代入して式(13)とし，Aの濃度に式（6）を使うとBの濃度は式(14)で与えられる。

　さて，ここでBの濃度変化を見てみよう。それは，式(15)で表わされる。そして式(15)に，式(14)を代入した結果が式(16)である。これは，中間体Bの濃度変化はゼロである，すなわち，中間体の濃度は常に一定で，ほぼゼロであるということを示している。この関係は先の図3，図4を見比べれば直感的に理解できよう。k_bがk_aより大きい図4では，Bの濃度変化は小さい。すなわち，中間体Bの濃度は反応を通じて，常にほぼ一定を保っていることになる。

（2）　最終生成物の濃度

　このとき，最終生成物Cの濃度変化は式(17)となり，これは最終生成物Cの生成速度が出発物質Aの濃度にのみ依存していることを示す。すなわち，このような条件の下では，中間体Bを考える必要はなくなるわけであり，反応は単純な一次反応として解析できることになる。

　すなわち，k_bがk_aより圧倒的に大きいというのは，先の図4の状態を拡大解釈した状態，図5に相当し，このときには中間体Bの生成は無視できるというわけである。このように，中間体Bの濃度変化をゼロとみなすことを定常状態近似（steady-state approximation）とよぶ。定常状態近似は後に見るように，複雑な反応を解析する場合に強力な武器となるものである。

定常状態近似

$$A \xrightarrow{k_a} B \xrightarrow{k_b} C \qquad \text{(反応 3)}$$

先の式より

$$[A] = [A]_0 e^{-k_a t} \tag{6}$$

$$[B] = [A]_0 \left(\frac{k_a}{k_b - k_a}\right)(e^{-k_a t} - e^{-k_b t}) \tag{9}$$

$k_b \gg k_a$ とする

$$\begin{cases} e^{-k_a t} \gg e^{-k_b t} \approx 0 & (11) \\ k_b - k_a \approx k_b & (12) \end{cases} \text{より}$$

$$[B] = [A]_0 \frac{k_a}{k_b} e^{-k_a t} \tag{13}$$

$$= \frac{k_a}{k_b}[A] \tag{14}$$

$$\frac{d[B]}{dt} = k_a[A] - k_b[B] \tag{15}$$

$$= k_a[A] - k_b \frac{k_a}{k_b}[A]$$

$$= 0 \tag{16}$$

このとき

$$\frac{d[C]}{dt} = k_b[B] = k_b \frac{k_a}{k_b}[A] = k_a[A] \tag{17}$$

経時変化

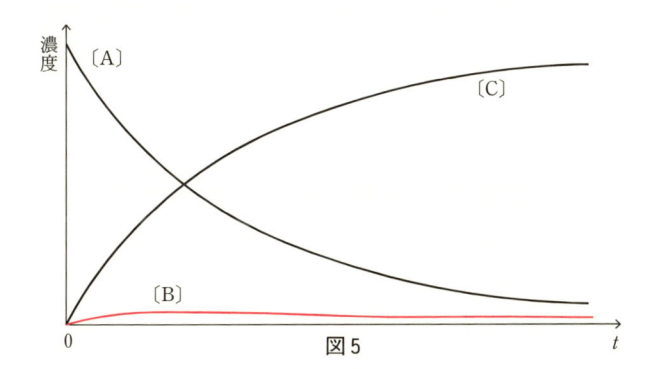

図5

5　律速段階

逐次反応全体の速度を決定する素反応を律速段階という。

（1）遅い段階が速度を決める

反応3において，速度定数 k_b が k_a より圧倒的に大きかったとしよう。先の解析により，最終生成物Cの濃度は式(10)で与えられるが，この式に，速度定数の大小関係から導かれる関係式(11)，式(12)を代入すると式(18)となる。

式(18)は速度定数 k_a，すなわち，遅い方の速度定数しか含んでいない。このことは，AからCに至る全体の反応の反応速度は，遅い反応の反応速度によって決定されることを表わしている。

このように，**一連の反応が連続して起こるとき，全体の反応の反応速度は最も遅い反応によって支配される。**この意味で，最も遅い反応段階を**律速段階（ratedetermining step）**とよぶことがある。

律速段階的なことは日常よく経験するものである。グループで登山するときには最も足の遅い人を先頭に立てる。そうでなければ遅い人はグループに取り残され遭難してしまうであろう。その意味で，この人がグループの登山速度を決定するわけで，この人が律速段階である。

（2）律速段階の解釈

律速段階の意味は，多段階反応で，反応速度を測定できるのは律速段階のみであるということである。すなわち，測定した反応速度は律速段階に関する情報のみであり，他の段階に関しては何の発言権もないということである。

反応5の多段階反応で律速段階は最初の段階であり，中間体Cがイオン対であったとしよう。いま，反応溶媒の誘電率を変化させたところ，反応速度が変化した。この場合，陥りやすい間違いは速度変化を中間体イオンCと関連付けて説明することである。しかし，この反応の律速段階はAがBに変化する段階であるので，速度が変化したのはAからBになる段階なのである。Cとは関係のない段階なのである。注意が必要である。

律速段階

$$A \xrightarrow{k_a} B \xrightarrow{k_b} C \qquad \text{(反応3)}$$

$k_b \gg k_a$ とすると，先の式より

$$[C] = [A]_0 \left\{ 1 + \frac{1}{k_a - k_b}(k_b e^{-k_a t} - k_a e^{-k_b t}) \right\} \qquad (10)$$

$$\begin{cases} e^{-k_a t} \gg e^{-k_b t} \approx 0 & (11) \\ k_a - k_b \approx -k_b & (12) \end{cases}$$

$$\therefore \quad [C] = [A]_0 (1 - e^{-k_a t}) \qquad (18)$$

[C] は k_a，すなわち遅い方の速度にのみ依存する。

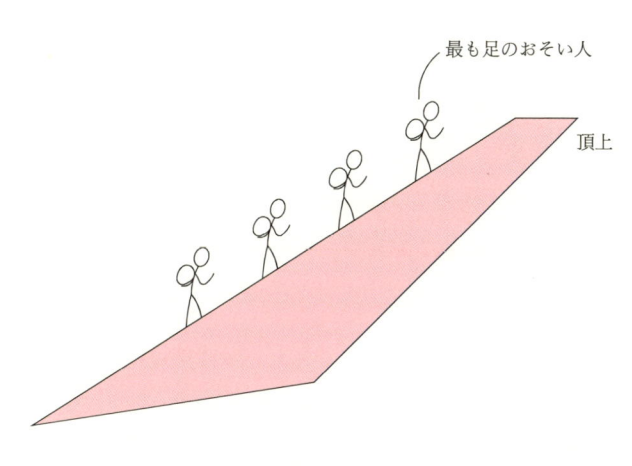

最も足のおそい人

頂上

図6

$$A \xrightarrow{\text{律速段階}} B \longrightarrow \underset{\text{イオン対}}{C^{+-}} \longrightarrow D \qquad \text{(反応5)}$$

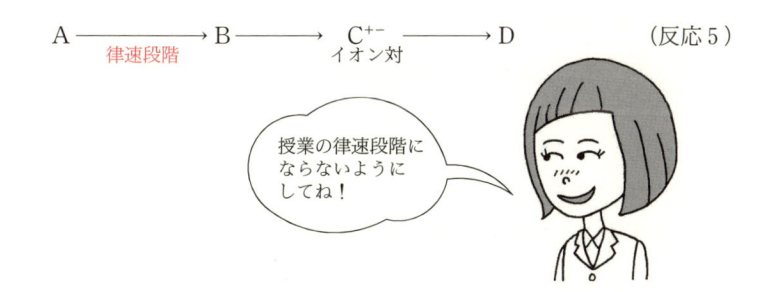

授業の律速段階に
ならないように
してね！

6　単分子反応の平衡

　平衡は化学にとって重要な概念の１つであるが，一般的には熱力学で扱われることが多い。ここでは，平衡が反応速度論の観点からどのように解析されるかを見てみよう。

（1）解　　析
　AがBに変化し，同時にBがAに戻るように，両方向に進行する反応（6）を一般に可逆反応という。それに対して先に見た素反応のように，反応が片方にしか進行しない反応を不可逆反応という。

　可逆反応（6）を見てみよう。Aについて速度式を組むと式(19)になる。反応の初めにはAのみが存在したものとすると関係式(20)ができる。式(20)を式(19)に代入して整理すると式(21)となる。式(21)からAの濃度を求めると式(22)となり，Bの濃度は式(23)で与えられる。

　ここでもし，逆反応（A ← B）がないものと仮定すれば $k' = 0$ であり，したがって，式(22)は下式のようになる。

$$[A] = [A]_0 \frac{\{k \exp(-kt)\}}{k}$$
$$= [A]_0 \exp(-kt)$$

これは，３章１節の式（6）と同じであり，一次速度則に一致する。

（2）平衡の意味
　式(22)，式(23)にしたがって，A，B各濃度の時間変化を示したのが図7である。ある時間にわたってAは減り続け，Bは増え続けるが，適当な時間がたつと，A，B各濃度は共に変化しなくなる。このように，反応は進行しているのだが，濃度変化の現れなくなった状態を平衡状態という。

　さて反応6が長時間継続した後，すなわち，式(22)，式(23)において $t = \infty$ におけるA，Bの濃度を求めたのが式(24)と式(25)である。この濃度を使って平衡定数 K を計算すると式(26)となる。

　式(26)こそ速度論から見た平衡の定義なのである。

単分子反応

$$A \underset{k'}{\overset{k}{\rightleftarrows}} B \qquad \text{(反応6)}$$

$$\frac{d[A]}{dt} = -k[A] + k'[B] \tag{19}$$

最初は A のみだったとすると

$$[A]_0 = [A] + [B] \tag{20}$$

$$\frac{d[A]}{dt} = -k[A] + k'([A]_0 - [A])$$

$$= -(k + k')[A] + k'[A]_0 \tag{21}$$

$$\therefore [A] = \left\{\frac{k' + k\exp\{-(k+k')t\}}{k+k'}\right\}[A]_0 \tag{22}$$

$$[B] = [A]_0 - [A]$$

$$= \left\{\frac{k - k\exp\{-(k+k')t\}}{k+k'}\right\}[A]_0 \tag{23}$$

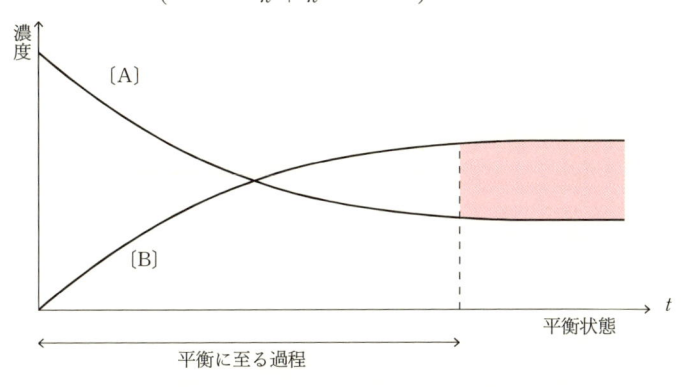

図7

$t = \infty$ のとき

$$[A]_\infty = [A]_0 \frac{k'}{k+k'} \tag{24}$$

$$[B]_\infty = [A]_0 \frac{k}{k+k'} \tag{25}$$

平衡定数

$$K = \frac{[B]_\infty}{[A]_\infty} = \frac{k}{k'} \tag{26}$$

速度論からの定義

7 2分子反応の平衡

前節で見た平衡反応を2分子反応に適用してみよう。このような反応の1つに前駆平衡とよばれる反応がある。

（1） 平衡定数

反応7の可逆反応で適当な時間が経過し，平衡に達したとする。平衡では，濃度変化はないのであるから，任意の物質の濃度時間微分がゼロとなる。Aの濃度について表わしたものが式(27)である。これから，平衡定数 K は式(28)で表わされることがわかる。

すなわち，反応速度論の見地からは，平衡定数は速度定数の比として定義されるわけである。

（2） 前駆平衡

反応8のような可逆反応を含む複合反応を考えて見よう。この反応に関係する

3つの速度定数のうち，可逆反応部分の速度定数 k_a，k_a' が不可逆反応部分の速度定数 k_b より大幅に大きい場合について考えてみよう。この場合にはCからDへの変化は可逆反応に比べて無視し得る。つまり，3成分A，B，Cの間で平衡が成り立つと考えられる。このような仮定が成り立つとき，この反応を前駆平衡（pre-equilibrium）という。

さて，仮定によって平衡状態においては，Cの濃度変化はないことになるから，式(30)が出てくる。これから平衡定数 K は式(31)で表わされ，Cの濃度は式(32)となることがわかる。

ところで，最終生成物DはCからできるので，その速度式は式(33)となる。式(33)に式(32)を代入すると，式(34)ができる。

式(34)は出発物A，Bの濃度に関する二次式であり，中間体Cの濃度を含んでいない，すなわち，前駆平衡が成立する反応では，反応速度には中間体Cを考慮する必要はないことになる。

2 分子反応

$$A + B \underset{k'}{\overset{k}{\rightleftharpoons}} C + D \tag{反応7}$$

平衡では濃度変化がない。

$$\frac{d[A]}{dt} = k'[C][D] - k[A][B] = 0 \tag{27}$$

$$\therefore K = \frac{[C][D]}{[A][B]}$$

$$= \frac{k}{k'} \tag{28}$$

前駆平衡

$$A + B \underset{k_a'}{\overset{k_a}{\rightleftharpoons}} C \xrightarrow{k_b} D \tag{反応8}$$

前駆平衡である条件

$$k_a, \ k_a' \gg k_b \tag{29}$$

このとき A, B, C は平衡にあると考えられるから

$$\frac{d[C]}{dt} = k_a[A][B] - k_a'[C] - k_b[C]$$

$$\approx k_a[A][B] - k_a'[C]$$

$$= 0 \tag{30}$$

$$\therefore \ \frac{[C]}{[A][B]} = K = \frac{k_a}{k_a'} \tag{31}$$

$$[C] = K[A][B] \tag{32}$$

$$\frac{d[D]}{dt} = k_b[C] \tag{33}$$

$$= k_b K[A][B] \tag{34}$$

D の濃度は A, B の二次式で表わされ, [C] を考慮する必要はなくなる。

第4章 反応の解析

演習問題 1

次の平衡反応を測定して,実験値に示す濃度変化を得た。平衡定数 K,速度定数 k, k' を求めよ。

$$A \underset{k'}{\overset{k}{\rightleftarrows}} B$$

実験値

時間 (min)	0	100	200	∞
[A]	27	17	12	7.5

解 答

式(26)より,

$$K = \frac{k}{k'} = \frac{[B]_\infty}{[A]_\infty} = \frac{27 - 7.5}{7.5} = 2.6 \tag{a}$$

式(21)より,

$$\frac{d[A]}{dt} = -(k + k')[A] + k'[A]_0 \tag{b}$$

$\dfrac{k'[A]_0}{k} + k' = \alpha$ と置くと,

$$\frac{d[A]}{dt} = -(k + k')[A] + \alpha(k + k')$$
$$= -(k + k') + (\alpha - [A])$$

積分型に直すと,

$$\frac{d[A]}{(\alpha - [A])} = (k + k')dt$$

$$\int \frac{d[A]}{(\alpha - [A])} = \int (k + k')dt$$

$$k + k' = \frac{1}{t} \log \frac{(\alpha - [A]_0)}{(\alpha - [A])}$$

ところで $t = \infty$ のとき $\dfrac{d[A]}{dt} = 0$ であるから,式(b)より,

$$0 = -(k + k')[A]_\infty + k'[A]_0$$

$$\frac{k'[A]_0}{(k+k')} = \alpha = [A]_\infty = 7.5 \tag{c}$$

(a), (c)両式と $t=0$, 100 の時の値より,

$$3.6k' = \left(\frac{1}{100}\right)\log\frac{(7.5-27)}{(7.5-17)} = 7.2 \times 10^{-3}$$

$$\therefore \quad k' = 2.0 \times 10^{-3} \qquad k = 5.2 \times 10^{-3}$$

演習問題 2

N_2O_5 の分解機構は次のものであるが,速度則は N_2O_5 の一次であることを証明せよ.

$$2\,N_2O_5 \longrightarrow 4\,NO_2 + O_2 \qquad v = k[N_2O_5]$$
$$N_2O_5 \rightleftharpoons NO_2 + NO_3 \longrightarrow NO_2 + O_2 + NO$$
$$NO + N_2O_5 \longrightarrow 3\,NO_2$$

解 答

NO と NO_3 に定常状態近似を適用する.

$$\frac{d[NO]}{dt} = k_b[NO_2][NO_3] - k_c[NO][N_2O_5] = 0$$

$$\frac{d[NO_3]}{dt} = k_a[N_2O_5] - k_a'[NO_2][NO_3] - k_b[NO_2][NO_3] = 0$$

$$\therefore \quad [NO_3] = \frac{k_a[N_2O_5]}{(k_a' + k_b)[NO_2]}$$

$$[NO] = \frac{k_b[NO_2][NO_3]}{k_c[N_2O_5]} = \frac{k_a k_b}{k_c(k_a' + k_b)}$$

$$\therefore \quad v = -\frac{d[N_2O_5]}{dt} = k_a[N_2O_5] - k_a'[NO_2][NO_3] + k_c[NO][N_2O_5]$$

$$= k_a[N_2O_5] - k_a'\left(\frac{k_a[N_2O_5]}{k_a' + k_b}\right) + \left(\frac{k_a k_b}{k_a' + k_b}\right)[N_2O_5]$$

$$= \left(\frac{2k_a k_b}{k_a' + k_b}\right)[N_2O_5]$$

$$= k[N_2O_5]$$

第 5 章
複雑な反応の速度

前章までに基礎的な反応の反応速度論的な解析の基本的な取り扱いを見てきた。反応には重合反応，爆発反応，触媒反応などのように基礎的な反応が組み合わさった複雑な反応がある。ここでは，このような複雑な反応の解析例を見てみよう。

1 重合反応の機構

　重合反応はモノマーが開始剤によって重合し，ポリマーとなる反応である。この反応がどのようにして進行し，反応速度がどのように表わされるかを見てみよう。

（1）反応機構
　一連の反応は，反応2から反応6にしたがって進行する。律速段階は開始剤が分裂して反応開始ラジカル R・となる過程，反応2である。反応3は非常に速い反応であり，反応速度には影響しない。
　成長段階は開始ラジカルによって生成したポリマーラジカルがモノマーを攻撃する反応である。この段階の反応速度に対するラジカルの構造による影響は無視でき，したがって，速度定数はラジカルの重合度 n に関係なく，すべて等しく k_p とみなせる。停止段階は2個のポリマーラジカルが反応して安定ポリマーとなる過程である。

（2）反応速度
　律速段階の速度式は式（1）となる。ここで，全ラジカル濃度［M_n・］の時間変化を考えてみよう。全ラジカル濃度は成長段階で増加し，停止段階で減少する。
　成長段階の反応速度は非常に速く，したがって，全ラジカル濃度の増加速度は律速段階の速度に等しい。いま，開始反応で生じたラジカル R・のうち，実際に連鎖反応を開始させることのできた割合を ϕ とおいてみる。すると，全ラジカル濃度の時間変化は式（2）で表わされることになる。
　停止段階はラジカルのカップリングであり，ラジカルの構造に影響される部分は少ない，すなわち，重合度 n には無関係と見なせるので，式（3）が成立する。全ラジカル濃度の時間変化はこの式（2），式（3）の和として表わされることになる。この全ラジカル濃度に定常状態近似を適用すると式（4）が出る。したがって，全ラジカル濃度は式（5）となる。

連鎖重合

$$nM \xrightarrow{R_2} M_n \qquad (反応1)$$

（R_2：開始剤）

反応機構

開　始　$R_2 \xrightarrow{k_1} 2R\cdot$　律速段階　（反応2）

$M + R\cdot \longrightarrow M\cdot + R$　速い反応　（反応3）

成　長　$M + M\cdot \xrightarrow{k_p} M_2\cdot$ （反応4）

$M + M_n\cdot \xrightarrow{k_p} M_{n+1}\cdot$ （反応5）

停　止　$M_n\cdot + M_n\cdot \xrightarrow{k_s} M_{2n}$ （反応6）

律速段階

$$\frac{d[R\cdot]}{dt} = 2k_1[R_2] \qquad (1)$$

成長段階

$$\frac{d[M_n\cdot]}{dt} = 2\phi k_1[R_2] \qquad (2)$$

（ϕ：$R\cdot$のうち実際に反応を引き起こす割合）

停止段階

$$\frac{d[M_n\cdot]}{dt} = -2k_s[M_n\cdot]^2 \qquad (3)$$

$[M_n\cdot]$に定常状態近似

$$\frac{d[M_n\cdot]}{dt} = 2\phi k_1[R_2] - 2k_s[M_n\cdot]^2 = 0 \qquad (4)$$

$$\therefore \quad [M_n\cdot] = \left\{\frac{\phi k_1[R_2]}{k_s}\right\}^{1/2} \qquad (5)$$

2　高分子鎖の成長

前節でみた重合反応によってできる高分子鎖の長さ，すなわち，重合度 N はどのように表されるかを見てみよう。

（1）　高分子鎖の成長速度（Mの消費速度）

前節でみたラジカルポリマー $M_n\cdot$ の長さの成長速度，すなわち，重合度 N の増加速度を考えてみよう。

反応4，反応5を見れば，この成長速度はモノマー M の消費速度に等しいことがわかる。$M\cdot$ も $M_n\cdot$ に含まれると考えて M の濃度変化を表わすと式（6）となり，これに前節の式（5）を代入すると式（7）となる。

これは鎖の成長速度が開始剤濃度の平方根に比例することを示している。

（2）　重　合　度　N

生成したポリマーの長さ，すなわち，重合度 N を考えてみよう。

停止反応の反応6より，最終生成ポリマーの長さ，すなわち，N は停止反応に参加するラジカルポリマーの長さ n の2倍，$N=2n$ であることがわかる。

n を求めるには，消費されたモノマー M の個数とそれを使ってできたポリマーの本数がわかればよい。すなわちそれは消費された M の個数を，発生した開始ラジカル $R\cdot$ のうち，実際に重合反応を引き起こしたものの個数で割ればよい。式（8）である。これは M の消費速度を反応の開始速度で割ったもの，式（9）で表わされることになる。

式（9）を数式で置き換えると式（10）となる。式（10）に式（5）を代入して整理すると式（11）が求まる。

したがって，生成ポリマーの重合度 N は式（12）で与えられることになる。

これは重合度が，反応開始剤とその分解速度定数の平方根に反比例することを表わす。すなわち，開始剤濃度が低いか，またはその分解速度が遅い場合には重合度が大きくなる，という直感的に理解されることが実証されているわけである。

鎖の成長速度

$$\frac{d[M]}{dt} = -k_p[M_n\cdot][M] \tag{6}$$

$$= -k_p\left(\frac{\phi k_i}{k_s}\right)^{1/2}[R_2]^{1/2}[M] \tag{7}$$

開始剤濃度の平方根に比例

重 合 度

$$n = \frac{消費された M の数}{実際に反応した R\cdot の数} \tag{8}$$

$$= \frac{M の消費速度}{開始速度} \tag{9}$$

$$n = \frac{k_p[M][M_n\cdot]}{2\phi k_i[R_2]} \tag{10}$$

$$= \frac{k_p[M]}{2\phi k_i[R_2]}\left\{\frac{\phi k_i[R_2]}{k_s}\right\}^{1/2}$$

$$= \frac{k_p}{2(\phi k_i k_s)^{1/2}}\frac{[M]}{[R_2]^{1/2}} \tag{11}$$

$$N = 2n$$

$$= \frac{k_p}{(\phi k_i k_s)^{\frac{1}{2}}}\frac{[M]}{[R_2]^{\frac{1}{2}}} \tag{12}$$

$[R_2]$ 小か，k_i 小なら重合度が大きくなる。

開始剤が少なければ発生する高分子鎖の本数が少なくなりそのため，1本の鎖が長くなるということよネ！

3 触 媒 反 応

触媒（catalyst）が反応を効率よく進行させるために大変有益なものであることは，化学者のよく知るところである。触媒作用には各種多様あり，反応相は気相，液相，固相にまたがり，また反応機構も複雑なものが多い。ここでは代表的なものを見てみよう。

（1） 触媒作用

触媒作用は触媒のどの面を強調するかによっていろいろな定義のしかたがあるが，「反応を促進させるが，それ自身は反応の後先で変化しないもの」というのが最も一般的な定義であろう。

反応を促進させるというのは，一般的には反応の活性化エネルギーを下げることを意味する場合が多い。活性化エネルギーについては，次の第II部で詳しく述べるが，反応速度論で扱う最も大切な量の1つである。

例えば，過酸化水素の分解反応は臭素で触媒されると，反応速度が常温で約2000倍の速さとなる。これは，活性化エネルギーで，約 20 kJ/mol の低下を意味する。

この臭素触媒による過酸化水素の分解反応の反応は，反応9，反応10，反応11 にしたがって進行することが知られている。反応9 は平衡反応であり，反応10 は遅い反応である。したがって，反応10 が律速段階となっている。反応11 は速い段階である。

（2） 反応の解析

反応9 の平衡定数は式(13)で定義される。律速段階の反応速度は式(14)で表わされ，ここに，式(13)を代入すると式(15)となる。

いうまでもなく，式(15)は律速段階の反応速度であるから，この触媒反応の速度そのものを表わす。すなわち，過酸化水素の分解速度にしろ，酸素の生成速度にしろ，すべて式(15)で表わされる。その結果は速度は臭素イオン濃度とpH に依存することを明らかにしている。

反応機構

> 触媒とは反応を促進させるが，それ自身は変化しないもの。

[例]

無触媒反応　　$2H_2O_2 \xrightarrow{k} 2H_2O + O_2$　　　　　　　　　　（反応7）

触媒反応　　　$2H_2O_2 \xrightarrow[k']{Br_2} 2H_2O + O_2$　　　　　　　　　（反応8）

　　常温で $k' \approx 2000k$

反応機構

$$2H_2O_2 \xrightarrow{Br_2} 2H_2O + O_2$$

$HOOH + H_3O^+ \xrightleftharpoons{K} HOOH_2^+ + H_2O$　平衡　　（反応9）

$HOOH_2^+ + Br^- \xrightarrow{k} HOBr + H_2O$　律速　　　　（反応10）

$HOBr + HOOH \xrightarrow{速い} H_3O^+ + O_2 + Br^-$　速い　　（反応11）

解析

反応25の平衡定数を K とすると

$$K = \frac{[HOOH_2^+]}{[HOOH][H_3O^+]} \tag{13}$$

律速段階速度

$$v = k[HOOH_2^+][Br^-] \tag{14}$$
$$ = kK[HOOH][H_3O^+][Br^-] \tag{15}$$

全反応速度は律速段階速度に等しい。

$$\frac{d[O_2]}{dt} = v \tag{16}$$

　Br^- 濃度と pH に依存

4 酵素反応

酵素は生体反応における触媒と考えることができる。

（1） 酵素の働き

酵素反応は図1に示したように，反応基質（substrate）と酵素（enzyme）が，一般に鍵と鍵穴といわれる関係によって，特異的に付加することによって進行する。そしてこの状態で基質の立体状態あるいは電子状態，もしくはその両方が，つぎに起こる反応に特に都合の良い状態となるものと考えられている。この酵素と基質との付加は一時的なもので可逆的であり，つぎの基質の変性が不可逆過程である。この不可逆過程の進行に伴って，酵素は元の形で回収されるため，酵素反応は触媒反応の1種と見なせることになる。

生体反応は，ほとんどすべて酵素反応からなるものと考えられている。

（2） ミカエリス-メンテン（Michaelis-Menten）機構

上で考えた酵素反応は，簡潔に反応式で表わすと反応12となる。この反応機構は提案者の名前にちなんでミカエリス-メンテン機構とよばれる。

反応12において，Eは酵素であり，Sは反応基質を表わす。すなわち，酵素と基質とが可逆的に付加して会合体ESをつくり，次の段階でこのものが不可逆的に生成物Pと元の酵素になるというものである。

生成物Pに関する反応速度式は式(17)となる。中間体の会合体ESに関して定常状態近似をとると式(18)ができる。これから，ESの濃度は式(19)と求められる。反応の初めにおける酵素の濃度，初濃度を$[E]_0$と置くと，反応途中の会合体濃度と遊離酵素の濃度の和は初濃度に等しく，したがって，式(20)が成立するから，これを式(19)に代入すると式(21)になる。式(21)から会合体の濃度は式(22)と求められる。

式(22)を先の式(17)に代入すると式(23)となるが，これは式(24)のように書き換えることができる。ここで，K_Mはミカエリス定数（Michaelis constant）とよばれ，式(25)で表わされるものである。

酵素反応

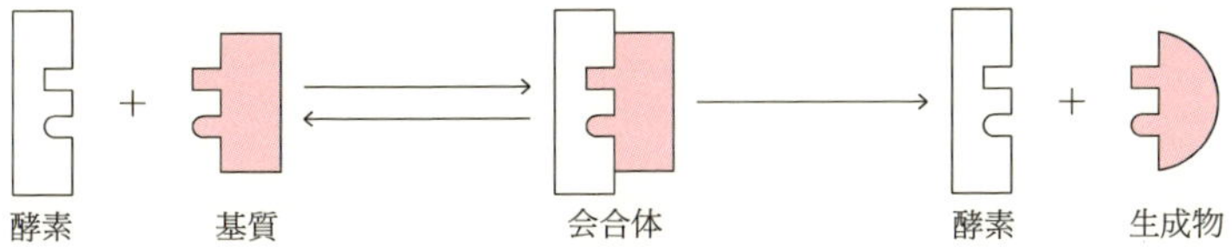

酵素 + 基質 ⇌ 会合体 → 酵素 + 生成物

図1

ミカエリス-メンテン機構

$$E + S \underset{k_a'}{\overset{k_a}{\rightleftharpoons}} ES \xrightarrow{k_b} P + E \qquad (反応12)$$

（E：酵素，S：反応基質）

$$\frac{d[P]}{dt} = k_b[ES] \tag{17}$$

[ES]に定常状態近似

$$\frac{d[ES]}{dt} = k_a[E][S] - k_a'[ES] - k_b[ES] = 0 \tag{18}$$

$$\therefore \quad [ES] = \frac{k_a}{k_a' + k_b}[E][S] \tag{19}$$

ここで，$[E]_0 = [E] + [ES]$ \hfill (20)

$$[ES] = \frac{k_a}{k_a' + k_b}\{[E]_0 - [ES]\}[S] \tag{21}$$

$$\therefore \quad [ES] = \frac{k_a[E]_0[S]}{k_a' + k_b + k_a[S]} \tag{22}$$

$$\frac{d[P]}{dt} = k_b \frac{k_a[E]_0[S]}{k_a' + k_b + k_a[S]} \tag{23}$$

$$= \frac{k_b[E]_0[S]}{K_M + [S]} \tag{24}$$

ただし，$K_M = \dfrac{k_a' + k_b}{k_a}$ \hfill (25)

ミカエリス定数

5　ミカエリス定数

前節で求めたミカエリス定数は，酵素の性質とどのように関係しているのか考えてみよう。

(1) ミカエリス定数と酵素の関係

一般に酵素反応では，反応 12 における逆反応が分解反応より速く，両者の速度定数の間には不等式(26)が成り立っている。したがって，ミカエリス定数 K_M は式(27)と近似でき，これは会合体生成の可逆反応の平衡定数を反映しているものと見なせる。すなわち，K_M が小さいことは平衡が右に偏る，つまり会合体 ES がたくさんでき，K_M が大きいことは ES ができにくいことを表す。

さて，優れた酵素とはどのようなものか，酵素反応の性質を考えれば，それは会合体を効率良く生成し，しかも，その会合体が効率良く分解して生成物を与えるものというにつきるであろう。

すなわち，酵素の性質の優劣は，端的にミカエリス定数 K_M と不可逆過程の速度定数 k_b とで表わされ，優れた酵素とは「小さな K_M と大きな k_b を持つもの」と定義されるわけである。

(2) ラインウィーバー-バーク（Lineweaver-Burk）プロット

ミカエリス定数を求めるには，ラインウィーバー-バークの二重逆数プロットとよばれるグラフから求めるのが便利である。

先の式(24)の逆数をとって整理すると式(28)となる。式(28)は単純化すると式(29)となり，これは，生成物の生成速度の逆数と基質濃度の逆数が直線関係を与えることを示している。

この関係をグラフ化したのが図 2 である。これから，切片 a と傾き b とを求めるとミカエリス定数は $K_M = \dfrac{b}{a}$ で与えられる。

なお，$k_b[E]_0$ は，すべての基質 E が会合体 ES に変化した場合の反応速度であり，最大反応速度 v_{max} とよばれる。

酵素の性質判定

$$k_a' \gg k_b \tag{26}$$

$$\therefore \quad K_M \approx \frac{k_a'}{k_a} \text{ (平衡定数)} \tag{27}$$

> **優れた酵素**
>
> 小さな K_M と大きな k_b を持つもの
>
> 　　小さな K_M：会合体 [ES] の濃度が大きい
>
> 　　大きな k_b：会合体の反応速度が大きい

ラインウィーバー-バークプロット

K_M の決定

$$\frac{1}{\frac{d[P]}{dt}} = \frac{K_M + [S]}{k_b[E]_0[S]}$$

$$= \frac{1}{k_b[E]_0} + \frac{K_M}{k_b[E]_0}\frac{1}{[S]} \tag{28}$$

$$= a + b\frac{1}{[S]} \tag{29}$$

$$k_b[E]_0 = v_{\max} \tag{30}$$

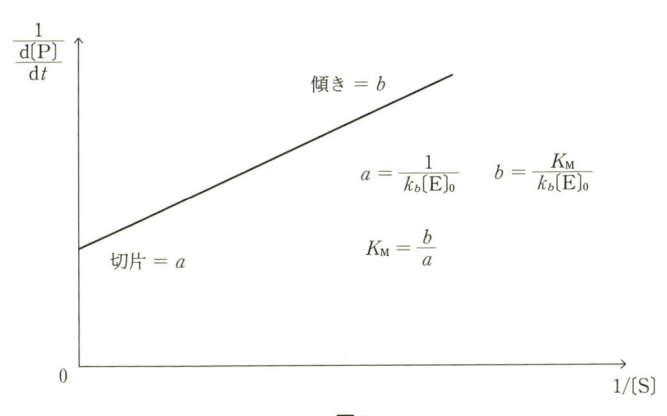

図2

傾き $= b$

$a = \dfrac{1}{k_b[E]_0} \quad b = \dfrac{K_M}{k_b[E]_0}$

$K_M = \dfrac{b}{a}$

切片 $= a$

6 爆発反応

爆発（explosion）には熱爆発のように反応速度の指数関数的温度依存性に基づくものから，ねずみ算的に増殖する連鎖反応まで各種ある。ここでは，反応13のような枝分れ連鎖反応に基づくものを見てみよう。

（1） 反応解析

反応14の，水素と酸素から水ができる反応を例にして見て行こう。

開始反応は1モルずつの水素と酸素が，反応して2種のラジカルが生成する反応15である。各々のラジカルは反応16，反応17の成長反応，反応18，反応19の枝分れ反応を通して拡大再生産し，爆発現象を形成するわけである。

しかし，条件次第では水素は静かに燃焼して，水を生成することもあり得るわけである。そこで，反応スタイルを反応温度と反応圧力との関係で示したのが図3である。ここで，図3の中央に蛇行する曲線の左側が，定常燃焼の条件領域であり，右側が爆発に相当する。

一般的には，低温では定常燃焼になり，高温で爆発になる。これは常識に一致する。しかし，圧力に関してはかなり微妙なものがある。

（2） 爆発の条件

温度を800ケルビンに保って，圧力を変化させてみよう。圧力が小さい間，すなわち，図3でaからbの間では定常燃焼である。圧力がbより高くなると爆発に移るが，さらに高くなってcに至ると，また定常燃焼となる。圧力がdに達すると，そこから先は圧力に無関係に爆発となる。

これは，爆発が2つの反応機構で，進行しているためであると理解される。すなわち，比較的低温のbからcでの爆発は，枝分れ連鎖反応による爆発であり，dを超える高圧ではメカニズムが変わって熱爆発になるのである。

cd間の定常燃焼部では，基本的に枝分れ反応が進行している。しかし，圧力が高い，すなわち，ラジカル濃度が高いため，ラジカル同士が再結合してしまい，成長，枝分れ反応が効率よく進行しないのである。

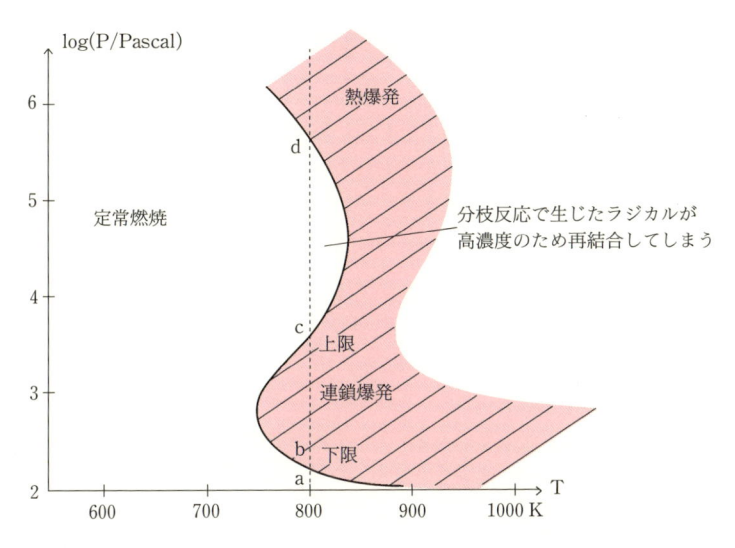

熱爆発

反応速度の指数関数的温度依存性

枝分れ連鎖反応

$$A\cdot + B_2 \longrightarrow AB\cdot + B\cdot \qquad (反応13)$$

[例] $2H_2 + O_2 \longrightarrow 2H_2O \qquad (反応14)$

開始 $\quad H_2 + O_2 \longrightarrow HO_2\cdot + H\cdot \qquad (反応15)$

成長 $\quad H_2 + HO_2\cdot \longrightarrow HO\cdot + H_2O \qquad (反応16)$

$\qquad\quad H_2 + HO\cdot \longrightarrow H\cdot + H_2O \qquad (反応17)$

枝分れ $\quad H\cdot + O_2 \longrightarrow HO\cdot + \cdot O\cdot \qquad (反応18)$

$\qquad\quad\;\, \cdot O\cdot + H_2 \longrightarrow HO\cdot + H\cdot \qquad (反応19)$

図3

定常燃焼／熱爆発／連鎖爆発／上限／下限／分枝反応で生じたラジカルが高濃度のため再結合してしまう

爆発になるか燃焼になるかはビミョウな違いネ！

| コラム | 誘導期 |

$$A + B \xrightarrow{k} p$$

　反応は反応物A，Bを混合することによって開始される。しかし，A，Bが混合されたら，ただちに反応が一定速度定数kで進行するかというと，いつもそうではないということになる。図は酢酸ビニルの重合度の時間変化を表したもので，Ⅰは窒素ガス中，Ⅱは空気中で行った実験結果である。Ⅱでは混合後50分ほどはほとんど反応は進行していない。その後反応は起こるものの100分ぐらいまでゆっくりと進行し，その後，初めて定常の反応になっている。

　Ⅰでは混合直後に反応は起こるものの，やはり40分間ほどは遅くなっている。Ⅱで観察された反応が起こらない時間を誘導期（induction period），Ⅰ，Ⅱで観察された反応がゆっくり進行することを反応が抑制されているという。この反応の場合，誘導期では酸素によって反応が阻害されているものと考えられる。

　誘導期が観察される反応は少なくない。

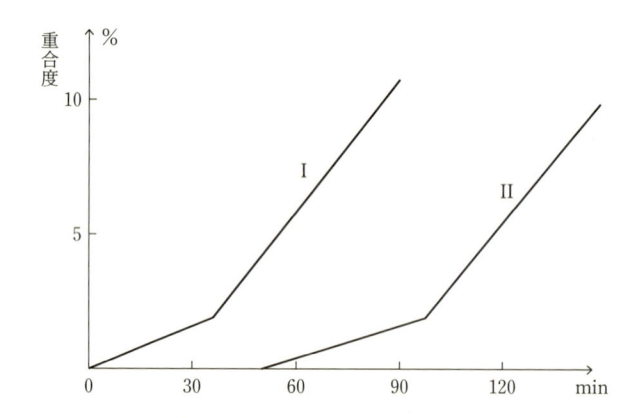

演習問題 1

次の酵素反応における生成物の生成速度の基質濃度依存性を調べ，実験値として下に示す結果を得た。Michaelis 定数 K_M を求めよ。

$$A \xrightarrow{\text{酵素}/k} B$$

[A] mol dm^{-3}	1	0.2	0.1	0.04
$10^3 v$ mol dm^{-3}	4.1	2.5	1.6	0.8

解 答

Lineweaber-Burk プロットに必要な値を計算によって求め，グラフを作る。

1/[A]	1	5	10	25
$1/v$	244	400	625	1250

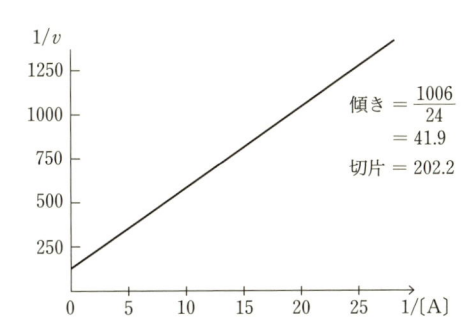

傾き $= \dfrac{1006}{24} = 41.9$

切片 $= 202.2$

以上の結果より，

$$K_M = \frac{41.9}{202.2} = 0.21 \text{ mol dm}^{-3}$$

上の各値に対して最小二乗法を適要すると，

傾き $= 42.1$，切片 $= 198.2$ となり，

したがって $K_M = \dfrac{42.1}{198.2} = 0.21$ mol dm^{-3} となる。

第6章
高エネルギー反応

反応の中には高エネルギーの関与するものがある。典型的なものは光反応と原子核反応である。このような反応の解析は他の反応の取り扱いとは若干異なるものがある。ここでは，このような反応の解析を見，加えて原子炉の原理と構造について見ることにしよう。

1　光反応の反応特性

　光反応では実際に光吸収によって生じた励起状態の関与する反応，すなわち，**本来の意味での"光反応"と，その結果生じた活性な基底状態生成物，いわば中間体が起こす"熱反応"とが複雑に絡み合っていることが多い。**

（1）　励起状態の生成
　反応1はベンゾフェノン（B）とベンズヒドロール（BH_2）との光反応で，ベンツピナコール（B_2H_2）が生成することを表わすものである。なお，反応式の矢印の上に書いた記号 $h\nu$ は，$E = h\nu$ のエネルギーを持った電磁波という意味で，一般に光反応を表わすものとして使われる。
　この反応は，いくつかの反応の連続から成り立つ。
◎　過程 a
　　まず，基底状態ベンゾフェノン（B）が光を吸収して，励起状態ベンゾフェノン（B*）を生成する過程（反応2，a）である。
◎　過程 k_1
　　生成した励起状態ベンゾフェノンは失活して基底状態に戻る過程（反応3，k_1）か，あるいは，
◎　過程 k_2
　　ベンズヒドロールと反応して2分子のケチルラジカル（Ph_2COH）を生じる過程（反応4，k_2）のいずれかをたどる。

（2）　励起状態の化学反応
　以上の段階のうち，a と k_1 の過程だけが，励起状態の関与した過程という意味で純粋な意味での光反応というべきものである。
◎　過程 k_3
　　最後に，反応42によって生じたケチルラジカルが二量化して最終生成物，ベンツピナコールを与える（反応5，k_3）が，この過程には光はなんら関与しておらず，厳密には熱反応に分類されるべきものである。
　以上の関係をまとめたものが図1である。

反応機構

$$\text{Ph}_2\text{C}=\text{O} + \text{Ph}_2\text{CHOH} \xrightarrow{h\nu} \underset{\underset{\text{OH OH}}{|\quad|}}{\text{Ph}_2\text{C}-\text{CPh}_2} \quad \text{(反応1)}$$
$$\text{(B)} \qquad \text{(BH}_2\text{)}$$

反応機構

励起状態生成　$\text{Ph}_2\text{C}=\text{O} + h\nu \xrightarrow{\alpha} \text{Ph}_2\text{C}=\text{O}^*$ （反応2）

失　活　　　　$\text{Ph}_2\text{C}=\text{O}^* \xrightarrow{k_1} \text{Ph}_2\text{C}=\text{O}$ （反応3）

光化学反応　　$\text{Ph}_2\text{C}=\text{O}^* + \text{Ph}_2\text{CHOH} \xrightarrow{k_2} 2\text{Ph}_2\dot{\text{C}}\text{OH}$ （反応4）

熱化学反応　　$2\text{Ph}_2\dot{\text{C}}\text{OH} \xrightarrow{k_3} (\text{Ph}_2\text{COH})_2$ （反応5）

エネルギー関係

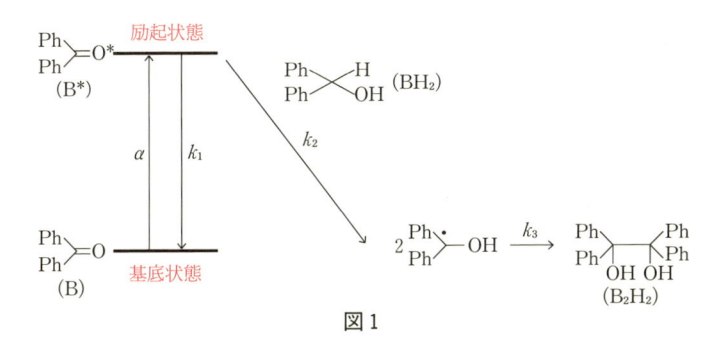

図1

> 光化学反応は励起状態の起こす反応よネ

2 スタン-ボルマーの式

光を吸収した分子は，すべて励起状態になるのだろうか。もしそうでないなら，どれくらいの割合が励起状態になるのだろうか。あるいは励起状態分子のうち，失活せずに，実際に反応に至る分子の割合はどれくらいであろうか。

(1) スタン-ボルマーの取り扱い

上の問いに答えてくれるのが，スタン-ボルマー (Stern-Volmer) の取扱いとよばれるものである。

単位時間中に単位面積に照射する光子数を光強度として I で表わし，光吸収分子のうち励起状態を生じる割合を α としよう。α は光反応における収率に相当するもので一般に量子収量とよばれる。

すると式(1)によって励起状態 B^* の生成速度は，αI で与えられることになる。さて，反応3はベンゾフェノン B を再生する式であるので，B は反応4のみによって消費されることになる。したがって，B の消費に関する量子収量は式(2)によって表わされる。

ここで，常法どおり，励起状態 B^* に対して，定常状態近似をとると式(3)となり，これから B^* の濃度が式(4)で与えられる。式(4)を式(2)へ代入して整理すると式(5)となる。

(2) スタン-ボルマーの式

式(5)の逆数をとったものが式(6)であり，これがスタン-ボルマーの式とよばれるものである。

この式は量子収量の逆数とベンズヒドロール BH_2 濃度の逆数が直線関係となり，その切片から励起状態生成の確率 α が求められ，傾きから失活過程と光化学反応過程の確率比，k_1/k_2 が得られることを示している。

反応1に関して実際にプロットしたものが図2であり，スタン-ボルマープロットとよばれるものである。これから，光を吸収したベンゾフェノンは，そのすべてが励起状態となり，また，励起した分子のうち，失活するものはわずか3％程度と，非常に効率のよい反応であることがわかる。

スタン-ボルマーの式

[B*] の生成速度

$$\frac{d[B^*]}{dt} = \alpha I \tag{1}$$

I：光強度（単位時間，単位面積当りの入射光子数）

α：光を吸収した B のうち，B* を生成する割合

B の消費の量子収量

$$\phi = \frac{k_2[B^*][BH_2]}{I} \tag{2}$$

[B*] に関して定常状態近似

$$\frac{d[B^*]}{dt} = \alpha I - \{k_1[B^*] + k_2[B^*][BH_2]\} = 0 \tag{3}$$

$$\therefore [B^*] = \frac{\alpha I}{k_1 + k_2[BH_2]} \tag{4}$$

式(4)を式(2)へ代入

$$\phi = \frac{\alpha k_2[BH_2]}{k_1 + k_2[BH_2]} \tag{5}$$

$$\frac{1}{\phi} = \frac{1}{\alpha} + \frac{k_1}{\alpha k_2}\frac{1}{[BH_2]} \tag{6}$$

切片から $\dfrac{1}{\alpha}$，傾きから $\dfrac{k_1}{\alpha k_2}$ が求まる。

スタン-ボルマープロット

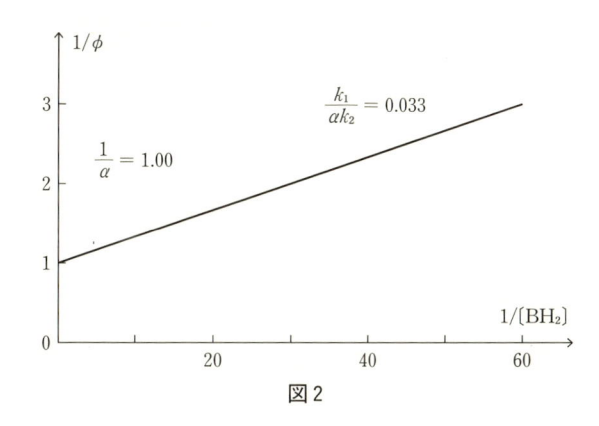

図 2

$\dfrac{1}{\alpha} = 1.00$

$\dfrac{k_1}{\alpha k_2} = 0.033$

3　原子核反応

原子核反応は，エネルギーが莫大なこと，および，致命傷を与える放射性物質を生成しうることから，人類にとって福音の天使とも，破壊の悪魔ともなれる。原子核反応には多くの種類があるが，おもなものとして次の4種がある。

(1) 原子核崩壊

原子核崩壊 (nuclear decay) は，原子核が自発的に他の原子核に変化して行く反応であり，放射線 (radiation) の発生を伴う。

放射線には α 線（$_2^4He$ の原子核），β 線（電子），γ 線（極短波長の電波），中性子線（中性子）などがある。

原子核崩壊は発生放射線の種類に応じて α 崩壊，β 崩壊，γ 崩壊などがある。反応速度は通常，半減期 $t_{\frac{1}{2}}$ で与えられる。

(2) 核反応

核反応 (nuclear reaction) は，原子核と原子核もしくは素粒子との衝突に基づく反応である。反応確率は核反応断面積 (reactive cross-section) σ で表わされる。核反応断面積は，衝突のうち，核反応に至る確率を表わす。

(3) 核分裂

ウランなどの大きな原子核が小さな原子核に分裂する反応である。この時発生するエネルギーを核分裂エネルギーといい，原子炉の原動力である。核分裂では原子核は多様に分裂し，分裂生成物は多種多様であるが，その質量数に対する分布には規則性が認められる。^{235}U の核分裂に対する収率曲線を図3に示した。

(4) 核融合

水素などの小さな原子核が複数個融合して大きな原子核に変化する反応である。発生するエネルギーを核融合エネルギーといい，恒星や太陽の輝きの原動力である。

原子核反応の種類

A. 原子核崩壊

半減期 $t_{1/2}$

$$^{238}U \longrightarrow {}^{234}Th + {}^{4}_{2}\alpha \qquad \text{(反応6)}$$
$$t_{1/2} = 4.47 \times 10^9 \text{ 年}$$

$$^{235}U \longrightarrow {}^{231}Th + {}^{4}_{2}\alpha \qquad \text{(反応7)}$$
$$t_{1/2} = 7.04 \times 10^8 \text{ 年}$$

B. 核反応

核反応断面積 σ

$$^{10}_{5}B + {}^{1}_{0}n \longrightarrow {}^{4}_{2}He + {}^{7}_{3}Li \qquad \text{(反応8)}$$
$$\sigma = 3838 \text{ b (バーン)} \quad (1\text{ b} = 10^{-24}\text{ cm}^2)$$

$$^{32}_{16}S + {}^{1}_{0}n \longrightarrow {}^{4}_{2}He + {}^{29}_{14}Si \qquad \text{(反応9)}$$
$$\sigma = 2 \text{ mb}$$

C. 核分裂

$$^{235}_{92}U + {}^{1}_{0}n \longrightarrow \text{核分裂生成物} + \text{エネルギー} \qquad \text{(反応10)}$$
$$\sigma = 582 \text{ b (熱中性子)}$$

核分裂生成物

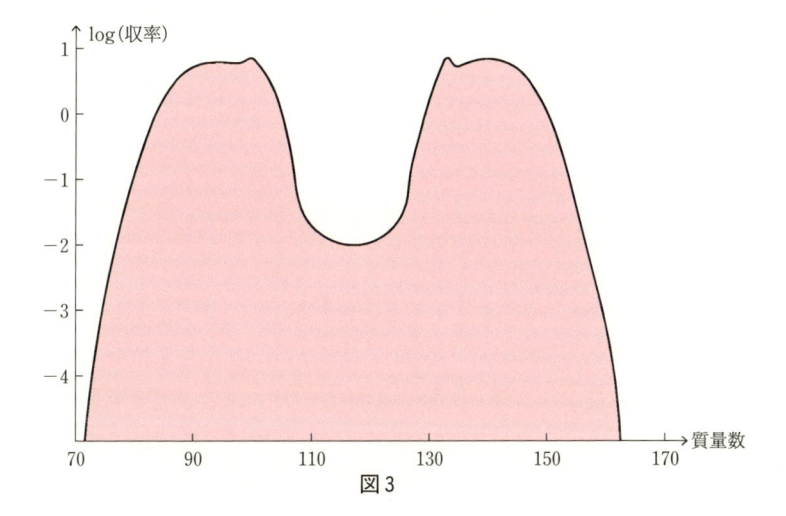

図3

4 原子炉の原理

原子力発電の発電原理は火力発電と同様である。すなわち，蒸気によって発電機を回すのである。ただし，火力発電では蒸気を作るのにボイラーの燃焼エネルギーを用いるが，原子力発電では原子炉を用いるのである。すなわち原子炉（nuclear reactor）は火力発電のボイラーに相当する装置に過ぎない。

(1) 連鎖反応

原子炉では燃料として^{235}Uを用いる。^{235}U原子核は中性子と衝突して核分裂し，中性子を発生する。この中性子が別の^{235}Uに衝突し，次の核分裂を起こす。すなわち，連鎖反応である。発生する中性子が1個以上であると，各核分裂反応は拡大再生産されることになり，結果，爆発につながる。これが原子爆弾である。したがって，核分裂を定常反応におさえて原子炉とするには式(7)のN値を1に近い値に制御することが絶対必要な重要条件となる。

(2) 原子炉を構成するもの

原子炉を構成する主なものは燃料（^{235}U）と制御棒，減速材，冷却材である。

◎ 制御棒（中性子吸収剤）

核分裂反応によって生じる中性子の数を制御することはできない。したがって，生じた中性子のうち，余分なものを除くことで対処する。中性子と効率よく反応する原子核に，中性子を吸収させるのである。このようなものを制御棒という。吸収効率は中性子吸収断面積（σ）で表わす。

◎ 減速剤

中性子はその飛行速度によって反応性が異なる。^{235}Uは運動エネルギーの小さい，速度の遅い中性子としか反応しない。しかし，核分裂によって発生する中性子は高エネルギーの速い中性子なので，この運動エネルギーを下げてやる必要がある。これが減速剤である。中性子は無電荷なので運動エネルギーの低下は適当なものとの衝突に頼る以外ない。効率的なエネルギー授受は，中性子質量と同程度の質量の原子核との衝突によって達成される。

連鎖反応

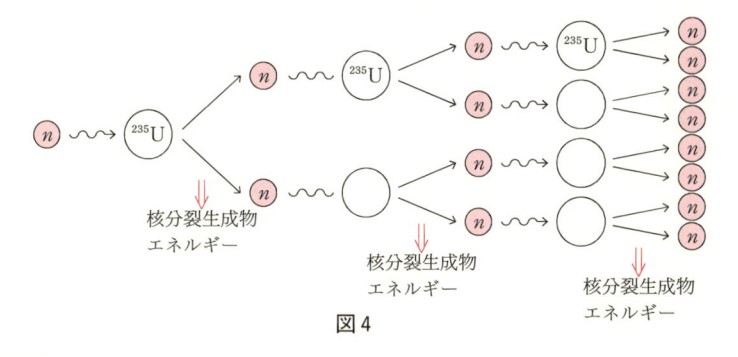

図4

$$N = \frac{発生中性子数}{衝突中性子数} \tag{7}$$

$N > 1$ 　　連鎖爆発（原子爆弾）
$N = 1$ 　　定常反応（燃焼，原子炉）

中性子吸収剤

制御棒

　熱中性子吸収断面積の大きいもの

　　Hf $(\sigma : {}^{177}\text{Hf} = 390,\ {}^{178}\text{Hf} = 40,\ {}^{179}\text{Hf} = 50)$

　　Cd $(\sigma : {}^{113}\text{Cd} = 20{,}000)$

　　Lu $(\sigma : {}^{176}\text{Lu} = 2.0 \times 10^3)$

　　Gd $(\sigma : {}^{155}\text{Gd} = 6.1 \times 10^4,\ {}^{157}\text{Gd} = 2.6 \times 10^5)$

減速剤

^{235}U は低速中性子と反応して分裂する。

反応によって発生した高速中性子を減速する。

弾性衝突による減速。

　低質量核が有効

　H_2O,　D_2O

5　原子炉の構造

恐ろしいほど単純な概念図を図5にあげた。原子炉は基本的には核分裂を起こす燃料棒，中性子数を制御する制御棒，中性子の運動速度を落とす減速剤，そして発生した熱エネルギーを発電機に伝える冷却剤とからなる。

（1）燃　料　棒

燃料棒は ^{235}U からなる。ウランは数種の同位体からなるが，その主成分は ^{238}U であり，天然から採取したウランにおける ^{235}U の含量は 0.7％にすぎない。原子炉の燃料にするためには純粋の ^{235}U を取り出す必要はないまでも，数％程度（3～4％）の含量には高める必要がある。そのため濃縮過程が必要となる。質量の違いのみによる選別であり，適用できる手段は遠心分離，拡散など限られている。高度で精密な技術が必要となる。

（2）制　御　棒

制御棒は燃料棒の間に置かれ，その上下動によって炉内の中性子数を制御する。制御棒を下げれば中性子が吸収され，炉内の中性子数は減少して炉の反応は収束に向かう。上げれば炉内の中性子数は増え，炉の活動は激しくなる。

（3）冷　却　剤

冷却剤は炉内の熱を発電機に伝える役割，すなわち蒸気を作る働きをする。多くの場合，冷却剤には水を使う。この際，原子炉の近傍で働く一次冷却水は，原子炉の放射線によって汚染されている。このため，熱交換器を通じて一次冷却水の熱を二次冷却水に伝え，この二次冷却水で発電機を動かす。一次冷却水は格納器の外へは出さない。

（4）減　速　剤

冷却剤の水はいうまでもなく水素原子を含む。水素原子は中性子と同じ質量数であり，したがって減速剤として理想的なものである。すなわち，冷却剤の水は同時に減速剤としての機能も果たしているわけである。

構　造

図5

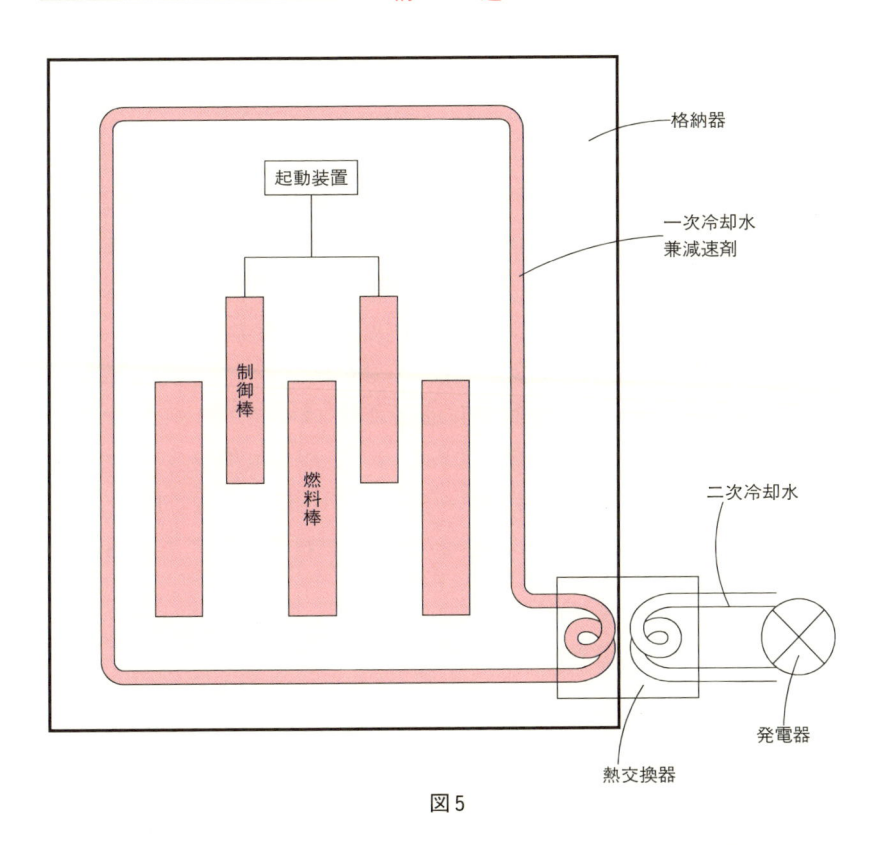

格納器
一次冷却水兼減速剤
起動装置
制御棒
燃料棒
二次冷却水
熱交換器
発電器

天然ウランの同位体存在比

^{234}U　0.0056%　（$t_{1/2} = 2.46 \times 10^5$ 年）

^{235}U　0.718%　（$t_{1/2} = 7.04 \times 10^8$ 年）

^{238}U　99.276%　（$t_{1/2} = 4.47 \times 10^9$ 年）

原子炉の役割は火力発電のボイラーと同じです。要するに発電機を回すための水蒸気を作ることなのです

6 高速増殖炉

"燃料が燃えて新たな燃料となる夢の原子炉"これが高速増殖炉である。

(1) 原　　理

高速増殖炉の燃料は人為的に作り出した元素，プルトニウム^{239}Puである。高速増殖炉の原理は科学的に素直なものである。それは次のとおりである。

① ^{239}Puは核分裂によってエネルギーを放出するので原子炉の核燃料となりうる。^{239}Puはこの核分裂で同時に高速中性子を放出する。

② ^{238}Uは"高速"中性子と反応すると一連の核反応の後，^{239}Puを生じる。

この①と②を組合せれば"増殖"炉の原理は明白である。図6に示すように，大量にありながら，原子炉の燃料となれない^{238}Uで^{239}Puを包み，このPuを核燃料とすれば，Puからのエネルギーを利用しつつ，新たな^{239}Puを生産できることになる。まさに"高速"中性子を用いた燃料"増殖炉"である。

(2) 実 用 化

◎ 燃　料

Puは天然界には存在せず，原子炉の核反応生成物として生産される超ウラン元素である。したがって，Puを利用するには核廃棄物の再処理施設が必要となる。Puは生理的に強い毒性を持ち，核爆弾としても利用されるだけに，慎重な取扱いが要求される。

◎ 冷 却 剤

通常型の原子炉では冷却剤に水を用い，それは減速剤ともなった。まさしくこの理由で，高速増殖炉では水は冷却剤には成り得ない。高速中性子が低速中性子（熱中性子）となるからである。高速増殖炉は高速中性子なくしては存在できない。質量が大きく，融点が低い元素が必要となるが，水銀，鉛は高密度であり，これを高速で流し続けられる配管施設の建設は，技術的に困難である。かくして，高速増殖炉の冷却剤に，ナトリウムが用いられる。ナトリウムは水分と反応して発火，爆発する元素であり，取扱いには慎重を要する。

高速増殖炉の問題点の1つはこの問題である。

高速増殖炉

$$^{239}\text{Pu} + \text{n} \longrightarrow 核分裂生成物 + エネルギー + 高速中性子$$

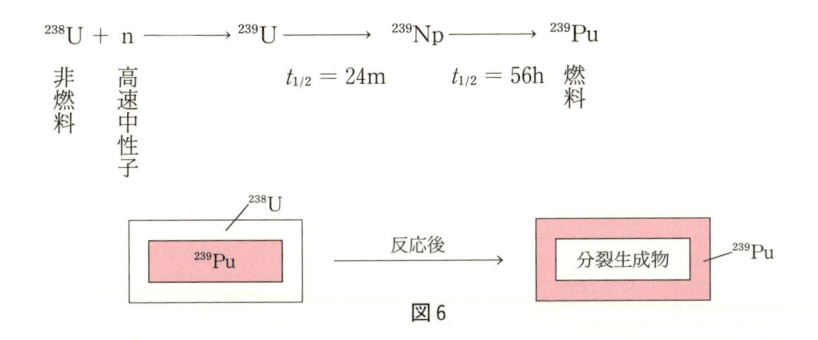

$$^{238}\text{U} + \text{n} \longrightarrow {}^{239}\text{U} \longrightarrow {}^{239}\text{Np} \longrightarrow {}^{239}\text{Pu}$$

非燃料　　高速中性子　　　　$t_{1/2}=24\text{m}$　　$t_{1/2}=56\text{h}$　　燃料

図6

実用化の条件

a. 燃料

^{239}Pu の入手

b. 冷却剤

減速剤となり得る低質量核（H, D, Li, etc）は不可

候補

Pb：高密度のため，施設に機械的強度が必要

Hg：高密度と低沸点に問題

Na：実験施設で実用化

空気中水分で発火，爆発の可能性

> 高速増殖炉を使えばウランの99.3％を占める^{238}Uを燃料として使えるのだけど，実験は難しそうネ

第6章 高エネルギー反応

演習問題 1

下の文章は光化学反応についてのものである。正しいものに丸をつけよ。

A：光化学反応は反応物が光を放出することによって始まる。
B：光は電磁波の一種であり，振動数と波長をもつ。
C：光のエネルギーは熱であり，照射されると熱く感じる。
D：光のエネルギーは振動数に反比例し，波長に比例する。
E：紫の光と赤い光では，紫の方が波長が短い。
F：紫の光より短波長の光を紫外線という。
G：光化学反応は赤外線によって起こる。
H：光を吸収した分子は低エネルギーの励起状態となる。
I：励起状態の分子が基底状態に戻るときにエネルギー吸収が起こる。
J：光化学反応は励起状態の分子が起こす化学反応である。

解答

○：B，E，F，J

解説

A：光化学反応は分子が光エネルギーを吸収して，励起状態になることから開始される。
B：光エネルギーと熱エネルギーは異なる。光エネルギーで熱く感じられることはない。
D：光のエネルギーは振動数に比例し，波長に反比例する。
G：光化学反応はおもに紫外線によって開始される。
H：励起状態は高エネルギー状態である。
I：高エネルギーの励起状態が低エネルギーの基底状態に戻るときにはエネルギー放出が起こる。

演習問題 2

次の文章の空欄に語群から適当な語を選んで入れよ。ただし，同じ語を何回用いても良い。

A 放射線を放出する同位体は　1　，放射しない同位体は　2　といわれる。
B α 線はヘリウム　3　の高速流であり，β 線は　4　の高速流である。
C γ 線は高エネルギーの　5　である。
D α 線を放出すると　6　は2少なくなり，　7　は4少なくなる。
E β 線を出すと　8　は変わらないが　9　は1増える。
F 原子核の核分裂連鎖反応が拡大して　10　になるためには，一回の分裂で放出される　11　の個数が　12　個より多いことが必要である。
G 原子炉の制御棒は　13　を　14　してその個数を制御する。
H 原子炉を停めるには　15　を燃料体に挿入して中性子を　16　すれば良い。
I 減速材は中性子の飛行　17　を減速し，　18　と反応しやすくする。

語 群

ア「1」，イ「2」，ウ「5」，エ「10」，オ「中性子」，カ「陽子」，キ「電子」，ク「中性子」，ケ「電磁波」，コ「原子核」，サ「放射性同位体」，シ「安定同位体」，ス「速度」，セ「吸収」，ソ「放出」，タ「制御棒」，チ「燃料棒」，ツ「爆発」，テ「定常燃焼」，ト「原子番号」，ナ「質量数」，ニ「Pu」，ヌ「^{235}U」，ネ「^{238}U」

解 答

1＝サ，2＝シ，3＝コ，4＝キ，5＝ケ，6＝ト，7＝ナ，8＝ナ，9＝ト，10＝ツ，11＝ク，12＝ア，13＝ク，14＝セ，15＝タ，16＝セ，17＝ス，18＝ヌ

第II部
反応速度の理論

反応速度式は反応の種類に応じて千差万別である。速度式の基本は速度定数であり，それは無限小から無限大まで変わり得る。速度定数は反応の種類はもとより，反応分子の構造，温度，圧力などの反応条件などに複雑に影響される。逆に見れば，速度定数は反応機構解析のための知見の宝庫ということになる。

　反応は分子間の衝突によって開始される。衝突頻度が高ければ反応確率も高く，したがって，速度定数も大きくなる。しかし，分子が衝突さえすれば反応が起こるという訳ではない。衝突が反応につながるためには，図1に示した，越えなければならないエネルギーの山が存在する。これを活性化エネルギーとよぶ。

　活性化エネルギーは出発系と遷移状態の間のエネルギー差である。出発系と生成系が共に同じでも，遷移状態が異なれば活性化エネルギーは違ってくる。分子 AB と CD から新分子 AC と BD が生じるにしても，分離遷移状態（A＋B＋C＋D）を通るか，融合遷移状態（ABCD）を通るかで反応は異なる。この関係を二次元の反応座標と，エネルギーの組合せの三次元で表わしたものが図2である。出発系と生成系は低エネルギー，遷移状態は高エネルギー地帯となっている。図2の左上の出発系から右下の生成系への，いわばハイキングが反応になる。ハイキングコースは何通りも考えられる。

　ここ第II部では，以上述べたことを詳細に検討して行く。

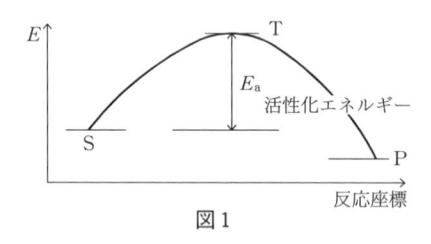

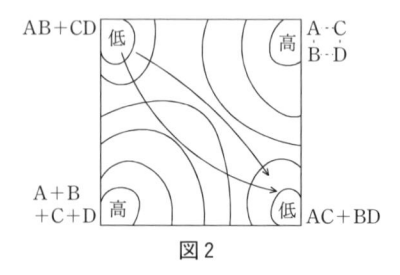

第7章
分子運動と衝突

反応は分子の接触，もしくは衝突によって引き起こされる。気体分子は熱エネルギーを持って空間を飛び回っている。その結果，分子同士が衝突すれば反応へとつながる。したがって飛行速度，衝突回数などが反応速度に大きく影響する。この章ではこのような分子の運動と衝突について考える。

1 分子運動

気体分子は，温度に相当した熱エネルギーを持ち，高速度で飛行運動を続けている。

（1） 圧　　力

気体分子が飛行運動の結果，器壁に衝突すれば圧力として観測され，分子同士が衝突すれば反応へとつながる。ここでは，分子の運動速度，圧力，衝突頻度などについて見ることにする。

図1にしたがって，気体分子が壁に垂直に衝突したとしよう。このとき，分子は壁を押していることになり，この押す力の総和が圧力ということになる。正確にいうと，圧力は，気体構成分子の単位時間中の単位面積当りの運動量変化である。

（2） 衝突と運動量変化

さて，気体分子は衝突によって運動方向を逆転する。したがって，1回の衝突による運動量変化は，分子の持つ運動量 mv_x の2倍となり，式(1)によって表わされる。

また，気体の単位体積当りの分子数は式(2)で示されるから，単位時間中に壁の単位面積に衝突する分子の個数は式(3)で表わされる。なお，式(3)で1/2を掛けてあるのは，次の理由による。すなわち，速度 v_x で運動する分子は，左向きと右向きの，両方向が考えられ，したがって，壁に衝突する分子の数はその半分になるからである。

圧力は，分子1個当りの運動量変化量を，衝突分子数だけ合わせたものになるから，式(1)と式(3)の積となり，式(4)で表わされることになる。

衝突と運動量変化

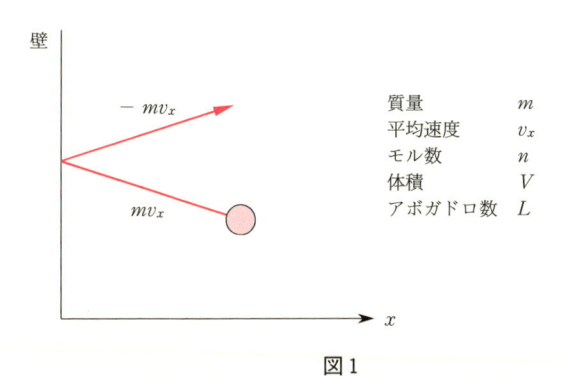

図1

圧　力

圧力 ＝ 単位時間中の単位面積当りの運動量変化

1回の衝突による運動量変化

$$2mv_x \tag{1}$$

単位体積当りの分子数

$$\frac{nL}{V} \tag{2}$$

単位時間中に壁の単位面積に衝突する分子数

$$\frac{1}{2}\frac{nL}{V}v_x \tag{3}$$

（分子は右向き，左向きが同数存在する）

圧力

$$P = 2mv_x \frac{1}{2}\frac{nL}{V}v_x$$

$$= m\frac{nL}{V}v_x^2 \tag{4}$$

分子の衝突による衝撃が圧力として感じられるのよネ

2　運動速度

　分子は衝突を繰り返している．その結果，分子の運動速度はほとんど止まっているものから，高速で飛んでいるものまでいろいろある．したがって，分子の運動速度は各種の物理量を算定するための基本量であり，そのため色々な表現がありうる．

(1)　根平均2乗速度（こんへいきんにじょうそくど）

　根平均2乗速度（root mean square speed）ややこしい名前だが，理由を聞けばもっともだと思われる名前でもある．

　分子の運動速度を C とし，その各方向への速度ベクトルをそれぞれ v_x, v_y, v_z とする．図2に示した通り，これらの値の間には式(5)の関係が成立する．多数の分子全体で考えると，分子運動の方向は，一方向へ偏ることなく，すべての方向へ同じ確率で向く．これを等方向的という．したがって，式(6)が成り立つ．

　式(6)を先ほどの式(4)へ代入すると，式(7)が得られる．この式(7)を気体方程式と比較すると，式(8)もしくは式(9)となる．なお，式(9)は気体定数（R）とボルツマン定数（k）を結ぶ式を用いている．

　以上の関係から速度 C は，式(10)もしくは式(11)で与えられることになる．

(2)　根平均2乗速度の意味

　すなわち，C は速度の2乗の平均値の平方根をとったものであり，まさしく根平均2乗速度とよぶべきものであることがわかる．

　根平均2乗値と平均値を比較すると，その意味はもっと明白になるだろう．3つの値，2，3，4の平均値と根平均2乗値は次のようになる．

　　　　平均値 $= (2 + 3 + 4)/3 = 3$
　　　　根平均2乗値 $= \{(2^2 + 3^2 + 4^2)/3\}^{1/2} = 3.11$

　酸素分子，水素分子の室温における根平均2乗速度を図2にあげておいた．両者とも，速度は新幹線どころではなく，航空機なみの速度となっている．

速度ベクトル

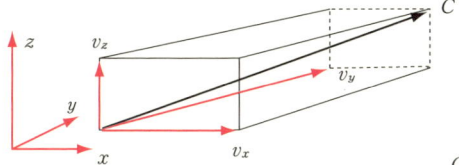

C at 298K
O$_2$　480 m/s, 1700 km/h
H$_2$　1930 m/s, 6930 km/h

図 2

根平均 2 乗速度

$$C^2 = v_x{}^2 + v_y{}^2 + v_z{}^2 \tag{5}$$

分子運動は等方向的だから

$$v_x{}^2 = v_y{}^2 = v_z{}^2 = \frac{1}{3}C^2 \tag{6}$$

式（6）を式（4）へ代入

$$P = m\frac{nL}{V}\frac{1}{3}C^2 \tag{7}$$

気体方程式と比較すると

$$PV = \frac{1}{3}nLmC^2$$

$$= nRT \tag{8}$$

$$= nLkT \tag{9}$$

（$R = Lk$　R：気体定数，k：ボルツマン定数）

以上から C は次のように求まる。

$$C = \left(\frac{3kT}{m}\right)^{1/2} \tag{10}$$

$$= \left(\frac{3RT}{M}\right)^{1/2} \tag{11}$$

（$M = Lm$：分子量）

> 分子の速度は絶対温度のルートに比例し，分子量のルートには反比例します

3 分子速度の表現

分子の運動速度はいろいろの形で表現される。ここでそのいくつかを見てみよう。

(1) マックスウェル-ボルツマン分布

同じ気体中でも，それを構成する各々の分子はいろいろの速度で運動している。多数個の分子のうち，どれくらいの割合の分子がどれくらいの速度で飛行しているかを表したものを一般に速度分布という。

運動速度の分布はマックスウェルとボルツマンの研究によるマックスウェル-ボルツマン分布といわれる式 f が有名である。この式によれば，速度の分布は温度と分子の質量（分子量）によって影響され，それぞれ図3(a), (b)のようになる。

図3(a)によれば，低温の場合には分子速度の低いものが多い。しかし高温になると速いものから遅いものまで広範に分布することがわかる。また，図3(b)によれば分子量の大きい分子は速度の遅いものが多いが，分子量が小さくなると速いものから遅いものまで広範に分布する。

(2) 3種の速度

運動速度には次の3種が定義され，目的によって使い分けられる。

◎ 最大確率速度 v_p

最もわかりやすいものであろう。この速度で運動している分子の個数が最も多いという速度で，それは式(12)で表わされる。

◎ 根平均2乗速度 C

前節で見た通りである。

◎ 平均速度 $\overline{C}$

全分子の速度を平均したものであり，式(13)となる。なお，一方向当りの平均速度は式(14)で与えられる。以上，3種の速度の関係は簡単な計算から求められ，各々の関係は図4の中に示した通りである。

マックスウェル-ボルツマン分布

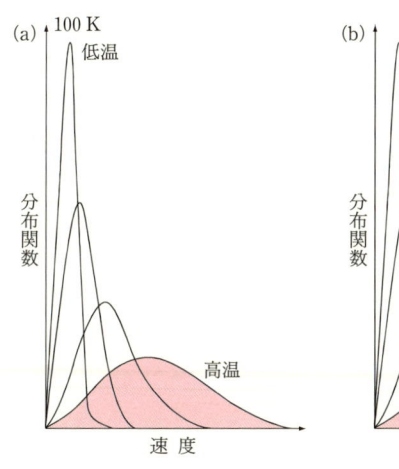

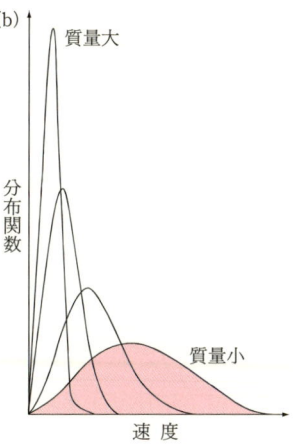

図3

(a) 100 K / 低温 / 高温 / 分布関数 / 速度

(b) 質量大 / 質量小 / 分布関数 / 速度

3種の速度

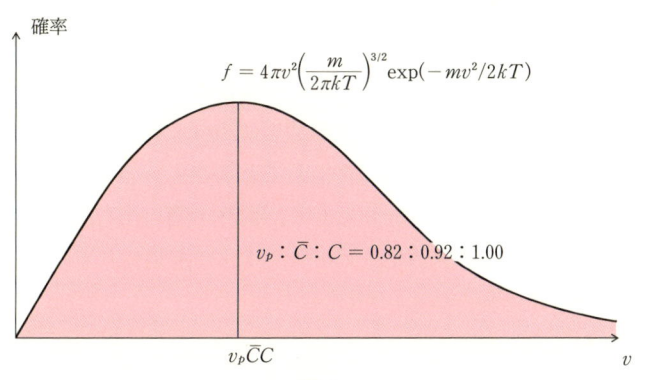

$$f = 4\pi v^2 \left(\frac{m}{2\pi kT}\right)^{3/2} \exp(-mv^2/2kT)$$

$v_p : \bar{C} : C = 0.82 : 0.92 : 1.00$

図4

最大確率速度　　$v_p = \left(\dfrac{2kT}{m}\right)^{1/2}$　　(12)

根平均2乗速度　$C = \left(\dfrac{3kT}{m}\right)^{1/2}$　　(10)

平均速度　　　　$\bar{C} = \left(\dfrac{8kT}{\pi m}\right)^{1/2}$　　(13)

一方向についての速さの平均　$\bar{v}_x = \left(\dfrac{2kT}{\pi m}\right)^{1/2}$　　(14)

4 衝　　突

　気体中で分子は衝突（collision）を繰り返す。衝突のつど，分子は進行方向を変えるから，分子の軌跡は図5のようになる。これでははなはだ解析しづらく見える。

（1）　分子運動の軌跡
　分子の運動は等方向的で，多数の分子で考えた場合，すべての方向で等速度であることを先に見た。してみれば，図5の曲がった軌跡のうち，その方向は意味を失い，長さのみが意味を持つことになる。すなわち，図6のように，衝突といえども，分子は他分子を蹴散らしながら直線運動を行うものとして，解析できることになる。

（2）　同種分子間の衝突
　まず，気体中に単一の分子種しか存在しない場合について考えよう。すなわち，酸素ガスとか水素ガスなど，単一組成の場合である。
　衝突を図6のように考えた場合，その解析は明瞭である。すなわち，分子はある距離進む間，その進路に進入した他分子と衝突するのである。その際，衝突に至るかどうかは図7による。すなわち，両分子間の中心間距離が分子半径の2倍，すなわち，分子直径（d）より小さければ衝突し，もし，それより大きかったら両分子はふれ合いもしない。
　以上の考察から図8ができる。

（3）　1個の分子の衝突回数
　分子は飛行距離を長さとし，分子直径を半径とする円を底面とする円筒内に中心を持つすべての分子と衝突することになる。
　円筒の体積は式(15)であり，単位体積内にある分子の個数は式(16)である。したがって，任意の分子1個が時間 Δt 内に衝突する全回数は式(17)で与えられる。

衝突

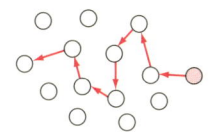

図5

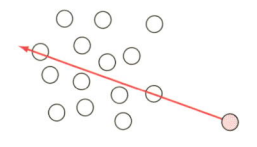

図6

1個の分子の衝突回数

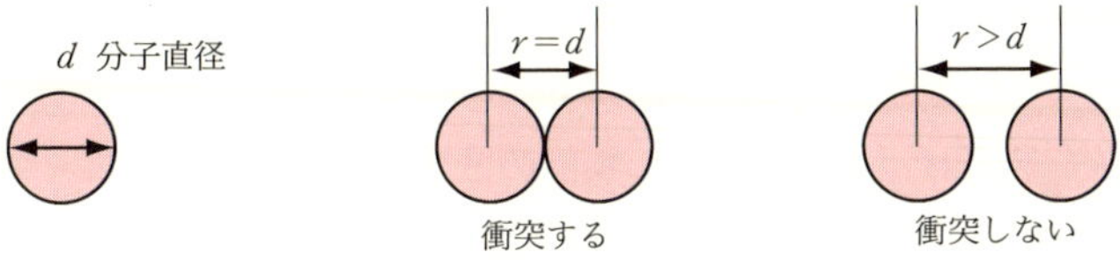

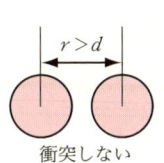

d 分子直径

$r = d$ 衝突する

$r > d$ 衝突しない

図7

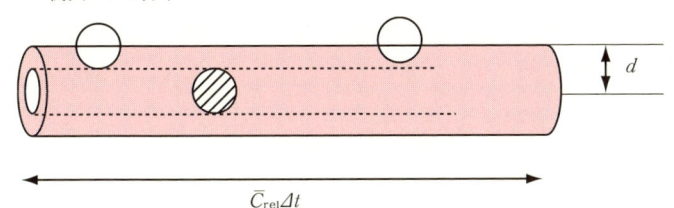

衝突される分子　衝突されない分子

d

$\bar{C}_{rel} \Delta t$

$\bar{C}_{rel}$：相対平均速度，Δt：任意時間，N：全分子数

図8

1個の分子は円筒内に中心をもつすべての分子と衝突する

$$\text{円筒体積} \quad \pi d^2 \bar{C}_{rel} \Delta t \tag{15}$$

$$\text{個数密度} \quad \frac{N}{V} \tag{16}$$

$$\text{総衝突回数} \quad \pi d^2 \bar{C}_{rel} \Delta t N \frac{1}{V} \tag{17}$$

5　衝突速度と衝突断面積

　分子が単位時間内に衝突する回数を衝突頻度（collision frequency）Z_A という。衝突頻度を計算するためには衝突断面積と衝突速度を明らかにしておく必要がある。

（1）　衝突断面積
　7章4節で求めた衝突回数を表わす式(17)のうち，面積を表わす部分（式(18)）を取り出して特に衝突断面積（collision cross-section）という。同様に，半径 d を衝突直径（collision diameter）という。これらの量は観念的に分子の大きさを表わす量であるが，実際の分子の断面積や直径と一致するわけではないことに注意していただきたい。

　図9はベンゼン環に分子が衝突する場合を表わす。どの向きから攻撃するかによって，ベンゼン環の実効面積は異なり，衝突断面積と一致するものではない。このように衝突断面積（衝突直径）は，分子の動的大きさを観念的に表わす量であり，理論計算によって求められるものではなく，実験によって求めなければならない値である。

（2）　平均相対速度
　平均相対速度とは動き回る分子から別の分子を見た場合の平均速度であり，先に見た平均速度，式(13)の質量に換算質量 μ を入れた式(20)で与えられる。μ は式(19)で求められ，いまは同じ分子で考えているので，μ は分子 A の質量 m の半分である。したがって式(19)を式(20)に代入して，平均相対速度は平均速度を使って式(21)で求められる。

コラム

　式(25)のCに式(13)を代入すると，式(27)になる。これは衝突頻度が圧力に比例し，絶対温度のルートに半比例することを示すものである。

断面積と相対速度

衝突断面積
$$\sigma = \pi d^2 \tag{18}$$

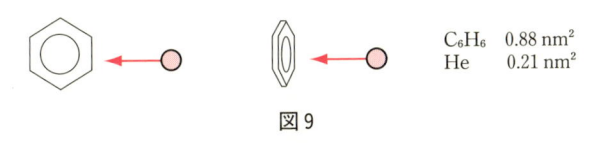

C$_6$H$_6$　0.88 nm^2
He　　 0.21 nm^2

図 9

平均相対速度

換算質量
$$\frac{1}{\mu} = \frac{1}{m_1} + \frac{1}{m_2} = \frac{m_1 + m_2}{m_1 m_2} \left(= \frac{2}{m} \right) \tag{19}$$

$$\bar{C}_{\text{rel}} = \left(\frac{8kT}{\pi \mu} \right)^{1/2} \tag{20}$$

$$= \sqrt{2} \left(\frac{8kT}{\pi m} \right)^{1/2} = \sqrt{2}\, \bar{C} \tag{21}$$

衝突頻度

$$Z_\text{A} = \frac{総衝突回数}{時\ 間} \tag{22}$$

$$= \pi d^2 \bar{C}_{\text{rel}} \frac{N}{V} \tag{23}$$

$$= \sqrt{2}\, \sigma \bar{C} \frac{N}{V} \tag{24}$$

$$= \sqrt{2}\, \sigma \bar{C} P \frac{1}{kT} = \sqrt{2}\, \sigma \left(\frac{8kT}{\pi m} \right)^{1/2} \frac{1}{kT} \tag{25}$$

$$\left(\frac{N}{V} = \frac{nL}{V} = nL \frac{P}{nRT} = \frac{L}{R} \frac{P}{T} = \frac{1}{k} \frac{P}{T} \right) \tag{26}$$

$$Z_\text{A} = \sqrt{2}\, \sigma \bar{C} P \left(\frac{1}{kT} \right) = \sqrt{2}\, \sigma \left(\frac{8kT}{\pi m} \right)^{1/2} \left(\frac{1}{kT} \right)$$

$$= 4\sigma \left(\frac{1}{\pi m} \right) \left(\frac{1}{kT} \right)^{1/2} \tag{27}$$

6 衝突頻度

衝突頻度を求めるには順序がある。まず，任意の1個の分子が起こす衝突頻度を求め，それを集団全体に広げて考えるのである。

（1） 1個の分子の衝突頻度

気体を構成する任意の1個の分子が起こす衝突頻度を求めてみよう。この衝突頻度は単位時間当りの衝突回数 Z_A であり，式(22)で定義される。すなわち，先に求めた総衝突回数，式(17)を時間 Δt で割ると式(23)となり，衝突断面積，式(18)と平均相対速度，式(21)を代入すると式(24)となる。式(24)に式(26)の関係を代入して整理すると式(25)となる。

（2） すべての分子の衝突頻度

上では1個の分子が起こす衝突頻度 Z_A を見た。しかし，一般に衝突頻度という場合には，気体という集団を構成する全分子が起こす衝突頻度すべての総和をいう。

単位体積内にある全分子が，単位時間内に引き起こす全衝突頻度を Z_{AA} で表わす。したがって，Z_{AA} は Z_A を元に，N 倍にして単位体積当りにすることを考えればよい。ただし，これでは1回の衝突を，衝突した方と，された方の両方で数え，計2回として数えているから，1/2 を掛けることが必要である。

結局 Z_{AA} は式(28)で与えられることになるが，これに式(25)を代入すると式(29)となる。ここに分子数と濃度の関係を表わす式(32)を代入して，Aの濃度に直してやると式(30)となり，表現を変えると式(31)となる。この式には濃度の2乗の項が含まれており，二次反応速度式と似た形になっている。

（3） 異種分子間衝突頻度

分子間の衝突回数 Z_{AB} も，これまでの考え方と同じに取り扱うことができる。ただし，衝突断面積は両分子の平均を使って式(34)を用いる。

結局 Z_{AB} は式(35)で定義される。これに必要な数式を代入すると式(37)になるが，さらに，濃度を表わす関係式(32)を適用すると式(38)となる。

すべての分子の衝突頻度

Z_A の N 倍

単位体積当りにする

$\frac{1}{2}$ にする

$$Z_{AA} = \frac{1}{2} N Z_A \frac{1}{V} \tag{28}$$

$$= \frac{\sigma \bar{C}}{\sqrt{2}} \left(\frac{N}{V}\right)^2 \tag{29}$$

$$= \frac{\sigma \bar{C}}{\sqrt{2}} L^2 [A]^2 \tag{30}$$

$$= \sigma \left(\frac{4kT}{\pi m}\right)^{1/2} L^2 [A]^2 \tag{31}$$

$$([A] = \frac{n}{V} = \frac{N}{L}\frac{1}{V} \quad \therefore \quad \frac{N}{V} = L[A]) \tag{32}$$

異種分子間の衝突頻度

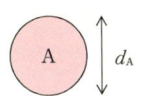

図9

$$d = \frac{1}{2}(d_A + d_B) \tag{33}$$

$$\sigma = \pi d^2 \tag{34}$$

$$Z_{AB} = N_B Z_A \frac{1}{V} \tag{35}$$

$$= N_B \left(\sigma \bar{C}_{rel} \frac{N_A}{V}\right) \frac{1}{V} \tag{36}$$

$$= \sigma \bar{C}_{rel} \frac{N_A N_B}{V^2} \tag{37}$$

$$= \sigma \left(\frac{8kT}{\pi \mu}\right)^{1/2} L^2 [A][B] \tag{38}$$

異分子間の衝突頻度は濃度の積に比例します

7　平均自由行程

分子が1回の衝突から次の衝突までに動く距離の平均値を平均自由行程（mean free path）λという。

（1）　器壁との衝突

分子と器壁との衝突を見てみよう。図10において，もし，分子がすべて左向きに運動するものなら，円筒内に存在するすべての分子が単位時間内に壁に衝突することになる。しかし，分子は右向き，左向き，同じ確率で運動するから，左向きに運動するのは全分子の半分となる。円筒内に存在する分子数は円筒体積と分子密度の積となる。

以上の考察より，単位時間内に単位面積の壁に衝突する全分子数 Z_W は式(39)で与えられることになる。一方向の平均速度として，式(14)を用いて整理すると式(40)になる。これに状態方程式，式(42)を代入して整理すると式(41)となる。この式は11章6節の拡散において必要となる式である。

（2）　平均自由行程

平均自由行程を求めるのは簡単である。それは，衝突から次の衝突までに要する平均時間に平均速度を掛ければよい。

衝突から次の衝突までにかかる時間の平均とは，すなわち，先に求めた衝突頻度の逆数に他ならない。したがって，平均自由行程は式(43)で定義される。式(43)に衝突頻度の式(25)と，平均速度の式(13)を代入して整理すると式(44)となる。式(44)に状態方程式(42)と，濃度の関係式(32)を代入整理すると式(45)となる。

平均自由行程は濃度に反比例することが示されているが，これは，混雑する道路では衝突事故が頻繁に起こるのと似た事情による。平均自由行程が温度に無関係なのは意外な気がするかもしれないが，温度が上がれば確かに衝突頻度も上がるが，同時に速度も上がるため，結果として，1回の衝突から次の衝突点に移動する距離としては同じことになるのである。

器壁との衝突

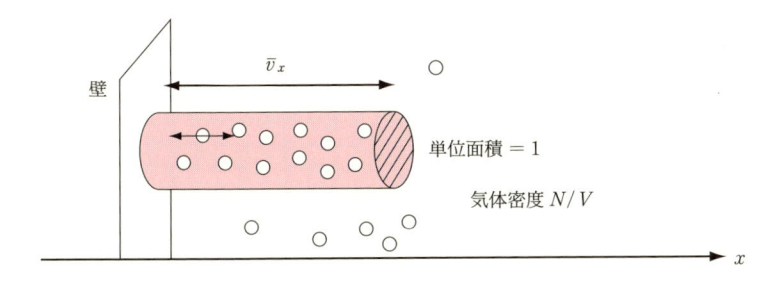

図 10

円筒内に存在し，$\bar{v}_x$ 以上で左向きに動く全分子が壁に衝突する．分子は左右の向きに同じ確率で運動するから $1/2$ にする必要がある．

$$Z_\mathrm{w} = \frac{1}{2}\bar{v}_x \frac{N}{V} \tag{39}$$

$$= \left(\frac{kT}{2\pi m}\right)^{1/2} \frac{N}{V} \tag{40}$$

$$= \left(\frac{1}{2\pi mk}\right)^{1/2} \frac{P}{\sqrt{T}} \tag{41}$$

$$(PV = NkT = nLkT) \tag{42}$$

平均自由行程

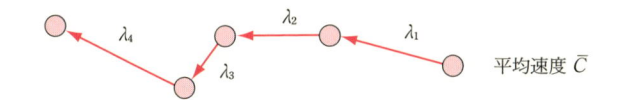

図 11

$$\lambda = \frac{\bar{C}}{Z} \tag{43}$$

$$= \frac{kT}{\sqrt{2}\sigma P} \tag{44}$$

$$= \frac{1}{\sqrt{2}\sigma L[\mathrm{A}]} \tag{45}$$

第7章　分子運動と衝突

演習問題 1

25℃ 1気圧でのヘリウムに対して次の値を求めよ。
a) 平均速度 $\bar{C}$, b) 一分子の衝突回数 Z_A, c) 平均自由行程 λ

解　答

a) 式(13)に適当な数値を入れる。

$$\bar{C} = \left(\frac{8kT}{\pi m}\right)^{1/2}$$

$$= \left(\frac{8 \times 1.38 \times 10^{-23}\,\text{JK}^{-1}\,\text{mol}^{-1} \times 298\,\text{K}}{\pi \times 4 \times 10^{-3}\,\text{kg}/(6.02 \times 10^{23})}\right)^{1/2}$$

$$= 1256\,\text{ms}^{-1}$$

式(10)と式(11)の関係を用いれば，$\bar{C}$ は下式となり計算はもっと容易になる。

$$\bar{C} = \left(\frac{8kT}{\pi M}\right)^{1/2}$$

$$= \left(\frac{8 \times 8.31 \times 298}{\pi \times 4 \times 10^{-3}}\right)^{1/2}$$

b) 式(24)に適当な数値を入れる。

$$Z_A = \sqrt{2}\sigma\frac{CN}{V}$$

$$= \frac{\sqrt{2} \times 0.21 \times 10^{-18}\,\text{m}^2 \times 1256\,\text{ms}^{-1} \times 6.02 \times 10^{23}}{22.4 \times 10^{-3}\,\text{m}^3}$$

$$= 1 \times 10^{10}\,\text{回 s}^{-1}$$

c) a), b)の答を用いて直接求めればよいが，ここでは式(43)に式(24)を代入して得た下式を用いて行ってみる。

$$\lambda = \frac{\bar{C}}{Z}$$

$$= \frac{\bar{C}}{\sqrt{2}\sigma\bar{C}N/V}$$

$$= \frac{V}{\sqrt{2}\sigma N}$$

$$= \frac{22.4 \times 10^{-3}\,\text{m}^3}{\sqrt{2} \times 0.21 \times 10^{-18}\,\text{m}^2 \times 6.02 \times 10^{23}}$$

$$= 1.25 \times 10^{-7}\,\text{m}$$

演習問題 2

25℃における窒素ガスの根平均2乗速度を求めよ。

解 答

式(10)もしくは、式(11)に適当な数値を入れる。ここでは、式(11)を用いてみよう。

$$C = \left(\frac{3RT}{M}\right)^{1/2}$$

$$= \left(\frac{3 \times 8.31 \text{ JK}^{-1}\text{mol}^{-1} \times 298 \text{ K}}{28 \times 10^{-3} \text{ kg mol}^{-1}}\right)^{1/2}$$

$$= 515 \text{ ms}^{-1}$$

コラム

並進運動エネルギー

分子の運動エネルギーは、今までに求めた関係から簡単に計算できる。

並進運動エネルギーは、分子の全運動エネルギーから振動運動や回転運動のエネルギーを除いたものを意味する。分子1個当りの並進運動エネルギーは、式(10)より式(46)で与えられる。ここで、速度として根平均2乗速度が用いられていることに注意していただきたい。

エネルギーは速度の2乗を含むのだから、その平均は2乗速度の平均で計算しなければならず、これが根平均2乗速度を用いる理由である。

1モル当りのエネルギーは式(47)となり、室温で計算すると約3.7 kJ/molとなる。この値は記憶すべき値である。

並進運動は x, y, z の三次元中で行われるので、運動の自由度は3であり、しかも等方向的であるので、一自由度当りの運動エネルギーは式(48)で与えられる。このように**運動エネルギーは温度のみによって決定される。**

1個当り $\quad\quad \varepsilon = \dfrac{1}{2}mC^2 = \dfrac{3}{2}kT \quad\quad\quad$ (46)

1モル当り $\quad\quad E = L\varepsilon = \dfrac{3}{2}RT \quad\quad\quad$ (47)

$\quad\quad\left(\text{室温}\ \dfrac{3}{2} \times 8.3 \times 300 = 3.7 \text{ KJ/mol}\right)$

1自由度当り $\quad\quad E = \dfrac{1}{2}RT \quad\quad\quad$ (48)

第 8 章

反応とエネルギー

化学反応には 2 つの側面がある。1 つは分子構造の変化であり，もう 1 つはエネルギーの変化である。反応速度論は後者を扱う研究である。反応に伴なうエネルギーには出発物と生成物の間のエネルギー差に基づく反応エネルギーと，繊維状態に達するために必要とされる活性化エネルギーがある。特に後者は反応速度に大きく影響する。

1 遷移状態と活性化エネルギー

一般に反応が進行するときには，エネルギーの高い不安定状態を経由する。この状態を遷移状態，その状態に達するために必要とされるエネルギーを活性化エネルギーという。

(1) 遷移状態

反応1はSからPを生じる一次反応である。反応を詳しく検討すると，途中に遷移状態Tを経由することがわかる。このT状態はSよりも，Pよりも高エネルギーの状態である。すなわち，SからPへ変化するには，いったんエネルギーの高い遷移状態へ移る必要があるのであり，これがSからPへとめどなく変化することを防いでいたのである。同様なことは，反応2の二次反応でもいえる。

(2) 活性化エネルギー

出発物，生成物，遷移状態，各々のエネルギー状態を図示すると図1になる。縦軸はエネルギーを表わし，横軸は反応座標で，反応の経緯を表わす。

出発物と遷移状態のエネルギー差 E_a を活性化エネルギー（activation energy）とよぶ。活性化エネルギーはSからPへ変化するために，越えなければならないエネルギーの山である。ただし，E_a はSからPへ行くときの活性化エネルギーであり，PからSへ行く逆反応では E_a' となる。

反応3はSが中間体Iを経てPへ行く反応であり，反応図は図2となる。この反応では活性化エネルギーが2つ存在し，1つは中間体Iへ行くための活性化エネルギーであり，もう1つはIからPへ行くためのものである。

このように，中間体と遷移状態とは異なる状態であり，中間体はエネルギーの谷に位置するのに対し，遷移状態はエネルギーの頂上に位置する。それは留まることを許されず，Sに戻るか，P（I）へ進むかしか許されない状態である。

図1の反応は1段階反応であり，図2は2段階反応を表わす。

遷 移 状 態

(反応1)

(反応2)

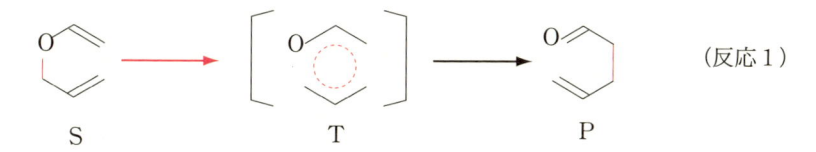

一段階反応

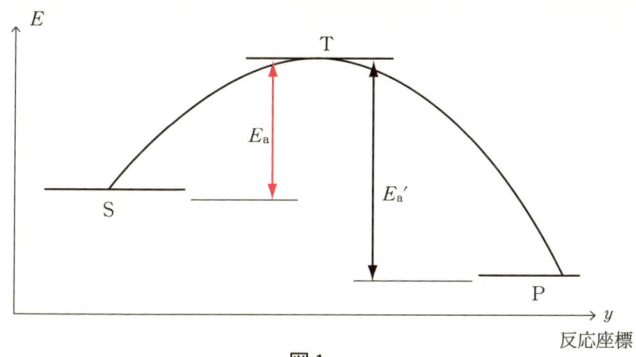

図1

二段階反応

S ⟶ T$_1$ ⟶ I ⟶ T$_2$ ⟶ P　　　　　　　　（反応3）

図2

2　反応の必要条件

　有機化学反応の多くは加熱しないと進行しない。これは反応が進行するためには外部からエネルギーを与える必要があることを示している。このように化学反応が進行するためにはいくつかの条件を満たしていることが必要である。

（1）　衝　　突
　2分子反応が起こるために必要な条件の1つは，**分子間の衝突が起こることである**。分子それ自身が自発的に変化する1分子反応を除き，分子間で起こる反応は，反応分子間の接触がなければ進行せず，そのためには分子間の衝突が不可欠である。それは先に見た衝突回数（7章6節，式(38)）で表わされ，式（1）に見るように温度の平方根に比例する。

（2）　活性化エネルギー
　もう1つは，前節で見たように，活性化エネルギーの山を越えるに十分な運動エネルギーを持っていることである。低速の自動車が衝突しても大きな事故に至らないように，分子が衝突して，その分子が他の分子に変身してしまうような変化を引き起こすには，エネルギーE_aが必要である。**分子の運動エネルギー分布は，図3のボルツマン分布で表わされる**。ここで，活性化エネルギーE_a以上のエネルギーを持つ分子の割合は式（2）で与えられる。
　さて，反応は活性化エネルギー以上のエネルギーを持つ分子の衝突によって引き起こされる。したがって，反応の速度は式（1）と式（2）の両者の積，すなわち"衝突回数"と"活性化エネギー以上を持つ分子の割合"の積で表わされるべきであることがわかる。すなわち式（3）である。
　ここで，Z項は温度の平方根であり，それに対して，exp項は温度が指数として効いてくる項である。したがって，考察する温度範囲がある程度狭い場合には，exp項の温度依存性に対して，Z項の温度依存性は無視してもよいことがわかる。すなわち，通常の研究で扱う温度範囲ではZ項は定数として扱ってよいことになる。

反応の必要条件

① 衝突が起こること

　　衝突回数：$Z \propto \sqrt{T}$　　　　　　　　　　　　　　　　（1）

② 活性化エネルギーの山を越えること

　　E_a 以上をもつ分子の割合：$\exp\left(-\dfrac{E_a}{RT}\right)$　　　　　　　　（2）

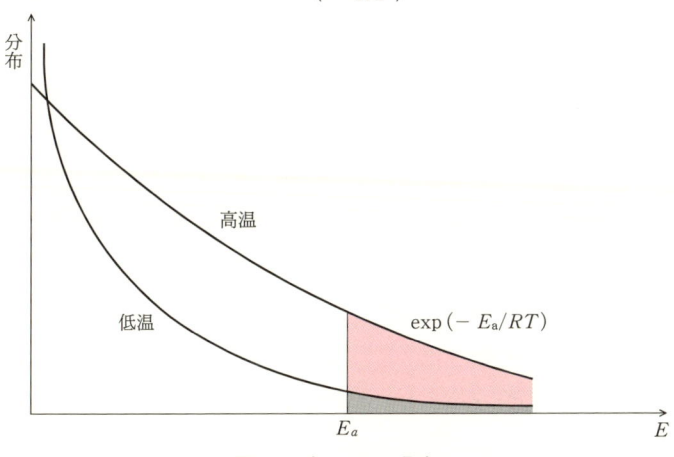

図3　ボルツマン分布

反 応 速 度

$$v = (衝突回数)(山を越える割合)$$
$$= Z \exp\left(-\dfrac{E_a}{RT}\right) \quad (3)$$

　　Z 項：T の平方根に比例

　　exp項：T が指数として作用

　　∴　Z 項の温度依存性無視可能

速度の分布は山（極大）があるけど
エネルギーの分布には山がありません

3 アレニウスの式

実験によって求めた反応速度の観測値を理論解析するための第一歩がアレニウスの式による解析であり，アレニウスプロットの作図である。アレニウスの式は反応速度解析の基本である。

（1） 反応速度定数

前節の考察は実験的に支持されることがわかっている。

一般に，実験で求めた測定値を解析すると，反応速度定数 k は式（4）で与えられる。これは式（3）と一致を示している。式（4）は両辺の対数をとれば式（5）となる。この式（4），式（5）を発見者の名にちなんでアレニウス（Arrhenius）の式という。ここで，A は頻度因子（frequency factor）とよばれる量である。その物理的なイメージは式（3）と対比すれば明白であろう。

この関係は反応速度が活性化エネルギーによって決定されることを示しており，反応速度の基本概念を示すものである。この関係を表わしたのが図4である。活性化エネルギーの山が高ければ，反応はゆっくりとしか進行せず，一方，この山が低ければ，反応は速やかに進行するわけである。

ラジカル同士のカップリング反応などでは実際上，活性化エネルギーが必要とされないこともある。この場合，反応速度はラジカル同士が衝突する確率にのみ依存することになる。このような例については，11章4節で述べる。

（2） アレニウスプロット

活性化エネルギーは，反応速度にとって最も基本的な量の1つである。活性化エネルギーは一般に式（5）を用いて求められる。

式（5）は，観測された速度定数の対数と反応温度の逆数が，直線関係となることを示している。そして，その傾きから活性化エネルギー，切片から頻度因子が求められることを示すものである。

この関係を表わしたのが図5である。図5を一般にアレニウスプロット（Arrhenius plot）とよぶ。

―― アレニウスの式 ――

反応速度定数

$$\begin{cases} k = A \exp\left(-\dfrac{E_a}{RT}\right) & (4) \\ \ln k = \ln A - \dfrac{E_a}{RT} & (5) \end{cases}$$

（A：頻度因子，E_a：活性化エネルギー）

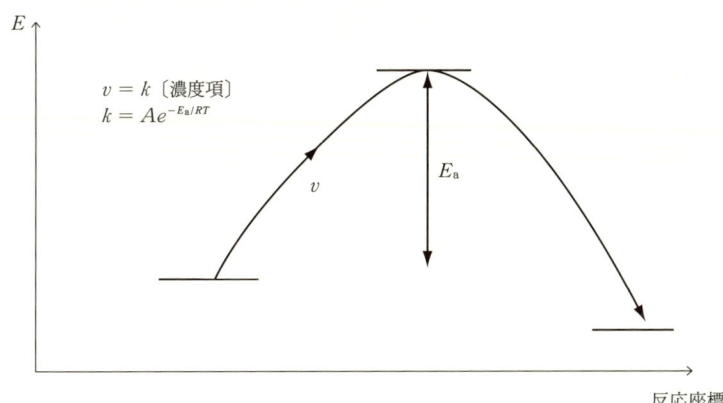

$v = k$〔濃度項〕
$k = A e^{-E_a/RT}$

図4

―― アレニウスプロット ――

k の対数と温度の逆数が直線関係

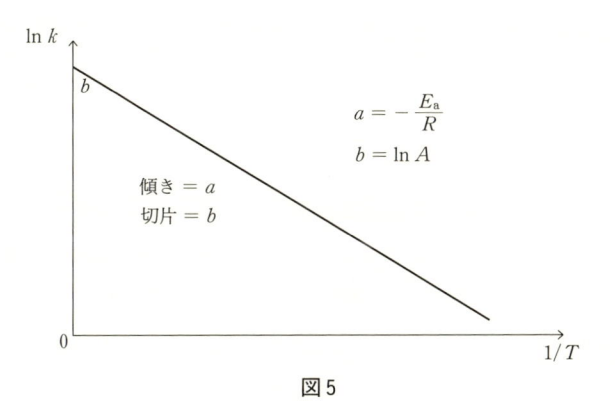

傾き $= a$
切片 $= b$

$a = -\dfrac{E_a}{R}$
$b = \ln A$

図5

4 反応速度の温度依存性

　前節で速度定数には温度項が入っていることを見た。したがって，反応速度は温度によって変化する。しかし，その変化の様子は速度定数の式から予想されるほど単純ではない。それはすでに見たように，多くの場合の反応は，いくつかの素反応の組み合わせで進行するからである。例を図6にあげた。

（1）　温度上昇と共に反応速度も上昇する例
　最も一般的でわかりやすい例であろう。

（2）　臨界温度のある例
　ある臨界温度 T_c を越えると反応速度が一気に上昇する例で，これは，先に見た（5章6節）熱爆発反応に相当する。反応により系の温度が上昇し，それによって速度定数が増大して反応が激しくなり，その結果さらに系の温度が上がり，それによってまた速度定数が増大し，反応がとめどなく続き，ついに爆発に至るわけである。

（3）　臨界温度を越えると反応が終息に向かう例
　これは，反応種がその温度以上では失活して停止してしまう場合で，酵素反応が典型的な例である。

（4）　温度上昇につれて反応速度が遅くなる例
　速度定数の式から見れば，活性化エネルギーが負であることになり，あり得ない不合理な例である。図7のように平衡関係を含む反応に見られるものである。これは，4章7節(2)で前駆平衡反応として解析したものであり，形式的な速度定数項（式(34)）には平衡定数が含まれていた。したがって，具体的には，温度上昇によって平衡が出発系にかたよるなら，反応速度は温度上昇と共に減速することもあり得ることになる。この場合，中間体Cからの活性化エネルギーが反応の真の活性化エネルギーであるわけだが，出発系から見ればみかけの活性化エネルギーは負になって現われることになる。

反応速度の温度依存性

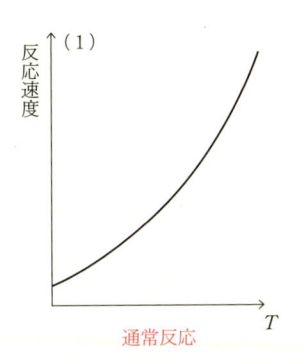

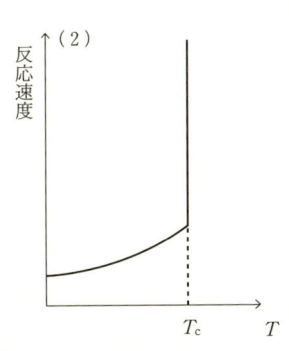

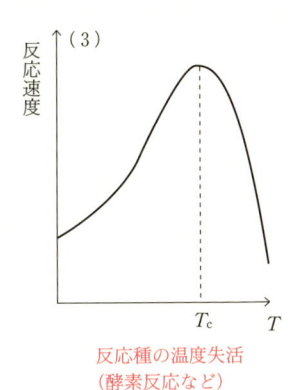

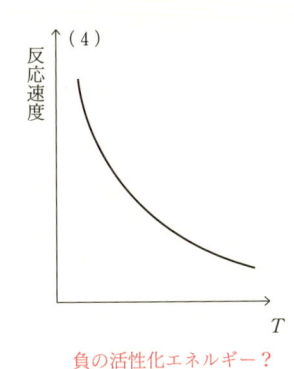

(1) 反応速度 / T — 通常反応

(2) 反応速度 / T, T_c — 熱爆発反応

(3) 反応速度 / T, T_c — 反応種の温度失活（酵素反応など）

(4) 反応速度 / T — 負の活性化エネルギー？

図6

温度上昇で遅くなる反応

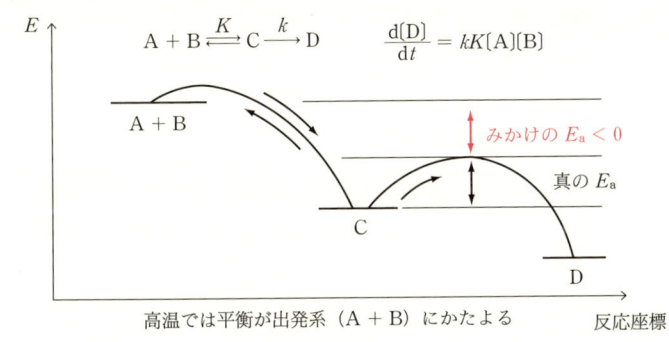

$$A + B \underset{}{\overset{K}{\rightleftharpoons}} C \xrightarrow{k} D \qquad \frac{d[D]}{dt} = kK[A][B]$$

E — A+B, C, D

みかけの $E_a < 0$

真の E_a

高温では平衡が出発系（A+B）にかたよる　　反応座標

図7

5 速度支配と平衡支配

反応4は2組の可逆反応からなる反応である。この場合，2つの生成物，P_1とP_2のどちらが主生成物となるのだろう。

(1) 速度支配生成物と平衡支配生成物

図8に反応4に対応するエネルギー図を示した。活性化エネルギーはP_1に行く反応（E_a^1）の方が小さい。したがって，反応速度的にはP_1の方が速く生成する。しかし，生成物のエネルギーはP_2の方が有利である。したがって，反応をA，P_1，P_2の間の平衡反応として見た場合にはP_2の方が有利である。

この反応の濃度変化を図9に示した。時間の進行と共に，まずP_1の濃度が増大する。これはP_1の生成速度がP_2のそれより大きいのだから当然の話である。しかし，さらに時間が経つと，P_1は減少し，P_2が増えてゆく。これは，P_1とP_2がAを挟んで平衡状態になったからである。

このとき，P_1を反応速度的有利さから生じた生成物という意味で，速度支配（kinetic control）生成物ということがある。それに対して，P_2を平衡的有利さから生じたものという意味で，平衡支配（thermodynamic control）生成物あるいは熱力学支配生成物という。

(2) 最終生成物

図9からわかる通り，速度支配生成物が主生成物として君臨するのは一時的な現象であり，時間が経過すれば平衡支配生成物が主生成物となる。

しかし，上の反応で平衡が成り立つためにはP_1からAが，P_2からもAが生じる反応が起こることが必要であり，そのためには，これら逆反応の活性化エネルギー，$E_a^{1\prime}$，$E_a^{2\prime}$が大きすぎないことが必要となる。もし，$E_a^{1\prime}$，$E_a^{2\prime}$が大きくて，実際上，逆反応が起きない場合には，P_1とP_2の生成比は全反応過程を通じて一定となり，それは反応速度k_1，k_2の比に等しいことになる。

速度支配反応と平衡支配反応

$$P_1 \underset{k_1'}{\overset{k_1}{\rightleftarrows}} A \underset{k_2'}{\overset{k_2}{\rightleftarrows}} P_2 \qquad (反応4)$$

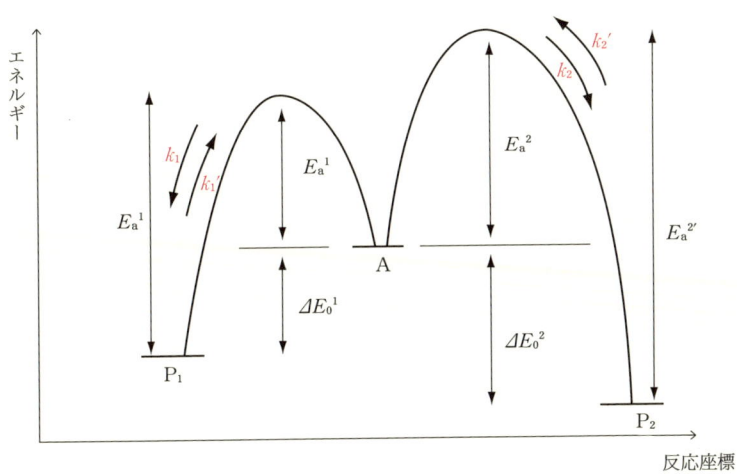

図8

経時変化

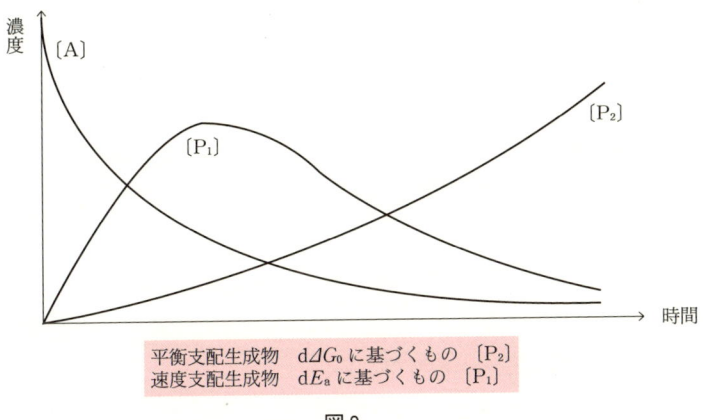

平衡支配生成物　$d\Delta G_0$ に基づくもの　$[P_2]$
速度支配生成物　dE_a に基づくもの　$[P_1]$

図9

6 衝突と反応速度定数

前節で速度定数に大きな影響を与えるものとして衝突を考えた。これは正しいのだろうか。確かに，衝突しなければ反応は起こらないだろう。しかし，それでは，衝突さえすれば反応は起こるのだろうか。

（1）頻度因子

反応5の二次反応において，反応速度，すなわち，単位体積当りのA分子が変化する速度を考えて見よう。

速度は，衝突回数と活性化エネルギー以上のエネルギーを持つ分子のボルツマン分布との積で表わされるから，定義にしたがって，この速度は式(6)で表わされる。これに先に見た濃度の関係式（7章6節，式(32)）を適用すると，濃度に関する速度式(7)がでる。式(7)に衝突回数として先に見た，7章6節の式(38)を代入すると式(8)となる。

式(8)と二次反応の反応速度式（2章2節，式(9)）とを比較すると，速度定数は式(9)で表わされることがわかる。さらに，式(9)とアレニウスの式，式(4)とを比較すると，アレニウスの式で頻度因子として表わされたAが，実は式(10)のような中身を持っていたことが明らかとなる。すなわち，式(10)は理論的に求めた頻度因子Aであったのである。

（2）実際の頻度因子

頻度因子Aについて，実測値と計算値を若干の反応に対して比較したものを表に示した。

両者の間には，かなり大きな相違がある。両者の比をPとして表にあげてある。この違いは実験誤差などで済まされるものではなかろう。理論的取扱いに不備があったものと考えざるを得ない。

それでは不備とは何だろう。これは，衝突回数を計算したときの，モデルのとりかたに問題があったのである。モデルは完全球の，いわゆる剛体モデルを用いた。すなわち，分子を完全な球体として取扱ったのだった。

頻度因子

$$A + B \longrightarrow C \qquad (反応5)$$

単位体積当りのA分子が変化する速度

$$\frac{1}{V}\frac{dN_A}{dt} = -Z_{AB}\exp(-E_a/RT) \qquad (6)$$

ただし，Z_{AB} は次の式である

$$Z_{AB} = \sigma\left(\frac{8kT}{\pi\mu}\right)^{1/2}L^2[A][B] \qquad (7章，式(38))$$

濃度式に対応させる

$$\left([A] = \frac{n_A}{V} = \frac{N_A}{L}\frac{1}{V} \qquad 7章\ 式(32)\right)$$

$$\frac{d[A]}{dt} = \frac{1}{L}\left(\frac{1}{V}\frac{dN_A}{dt}\right) \qquad (7)$$

$$= -\sigma L\left(\frac{8kT}{\pi\mu}\right)^{1/2}\exp\left(-\frac{E_a}{RT}\right)[A][B] \qquad (8)$$

式(8)と二次反応速度式とを比較すると次の関係が出る。

$$k = \sigma L\left(\frac{8kT}{\pi\mu}\right)^{1/2}\exp\left(-\frac{E_a}{RT}\right) \qquad (9)$$

式(9)とアレニウスの式(4)とを比較するとAは次のように求まる。

$$A = \sigma L\left(\frac{8kT}{\pi\mu}\right)^{1/2} \qquad (10)$$

Aの実験値A（obs）と式(10)で求めた計算値A（calc）とを比較する。

反応	A(obs)	A(calc)	$P = (A(obs)/A(calc))$
$2\ NOCl \rightarrow 2\ NO + Cl_2$	9.4×10^9	5.9×10^{10}	1.6×10^{-1}
$H_2 + C_2H_4 \rightarrow C_2H_6$	1.2×10^6	7.3×10^{11}	1.7×10^{-6}

> 実際の分子は複雑な構造をし特定の位置で衝突した形にしか反応しません。それが，理論値と実験値の差として表われたのです

7　反応断面積

反応が起こる確率を表す指標に反応断面積というものがある。

（1）反応部位
図10を見てみよう。分子の反応の部位は，分子のほんの一部分に限られていることが多い。図10では長鎖アルキルエステルの加水分解を例にとってある。攻撃イオンはエステル分子のどこに衝突してもよいわけではない。衝突が反応に移行するためには衝突しなければならない反応部位がある。

（2）反応方向
反応6は水素分子に水素原子が攻撃し，原子の組み替えが起こるものである。図11は水素分子 $H_A H_B$ に水素原子 H_C が攻撃する様子を表わす。水素分子の分子軸に対して60°ずつの角度を持って3方向から攻撃している。

その3方向からの攻撃に伴うエネルギー変化が図12に示してある。経路1が最も効率的な反応経路ということになる。すなわち，十分な運動エネルギーが補給される反応環境でなければ，他の攻撃は無駄に終わる可能性が高い。

（3）反応断面積
衝突のうち，反応に結びついたものの割合を P としよう。ここから先の取扱い方は単に技術的な話だからいろいろ考えられようが，一般には P を衝突断面積 σ（7章5節参照）に加味して，新たに反応断面積 σ^* を，式(11)のように定義する。したがって，最終的に速度定数 k は式(12)で表現されることになる。

式(12)を見ると，速度定数の物理的なイメージが明白となる。P で表わされる第1項を分子の立体的特徴を反映する項として立体因子（steric factor）とよぶ。中括弧でくくった第2項は分子の運動，衝突現象を反映するものとして輸送物性とよぶ。第3項の exp 項はエネルギー基準とよばれる。

━━━ 反応部位 ━━━

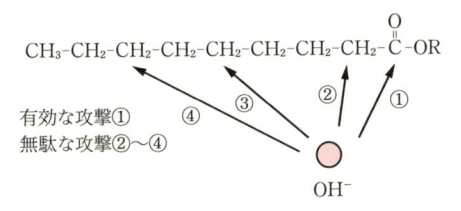

$$CH_3-CH_2-CH_2-CH_2-CH_2-CH_2-CH_2-\overset{O}{\underset{\|}{C}}-OR$$

④ ③ ② ①

有効な攻撃①
無駄な攻撃②〜④

OH^-

図10

━━━ 反応方向 ━━━

$H_A H_B + H_C \longrightarrow H_A + H_B H_C$ （反応6）

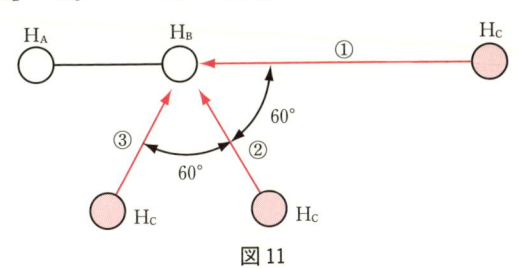

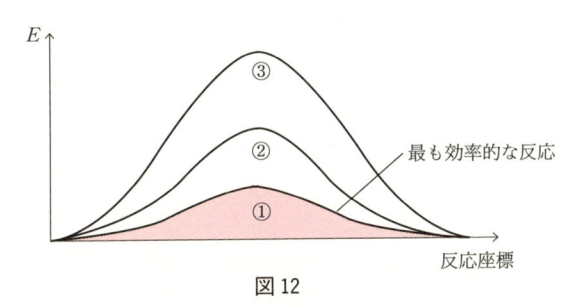

図11

図12　最も効率的な反応

━━━ 反応断面積 ━━━

$$\sigma^* = P\sigma \tag{11}$$

$$k = P\left\{\sigma L\left(\frac{8kT}{\pi\mu}\right)^{1/2}\right\}\exp\left(-\frac{E_a}{RT}\right) \tag{12}$$

第1項：立体因子
第2項：輸送物性
第3項：エネルギー基準

第8章 反応とエネルギー

演習問題 1

反応温度が10℃上昇したら反応速度はどのようになるか明らかにせよ。ただし，頻度因子は温度変化しないものとする。

解 答

式(52)にしたがい，温度 T K，$(T+10)$ K での速度定数は次のようになる。

$$k_T = A e^{-\frac{E_a}{RT}} \quad k_{T+10} = A e^{-\frac{E_a}{R(T+10)}}$$

$$\therefore \quad \frac{k_{T+10}}{k_T} = e^{\frac{E_a}{R} \cdot \frac{10}{T(T+10)}}$$

これから次のことがわかる。

反応温度の上昇に伴い反応速度は大きくなるが，その程度は

$$\begin{array}{l} E_a \text{ が大きいほど} \\ T \text{ が小さいほど} \end{array} \right\} \text{大きくなる}$$

反応温度が室温（25℃）から10℃上昇すると反応速度が2倍になるのは，活性化エネルギーが 53 kJ/mol 程度の反応である。

演習問題 2

次の反応の速度定数 k の温度依存性を測定し，次の結果を得た。活性化エネルギー E_a と頻度因子 A を求めよ。

$$A + B \rightarrow C$$

実験値

T/K	700	760	810	910	1000
k/mol^{-1} dm^3 s^{-1}	0.011	0.105	0.789	20.0	145

解 答

式(53)にしたがってアレニウスプロットをとるため必要な値を計算する。

計算

T/K	700	760	810	910	1000
$10^3/T$	1.43	1.36	1.23	1.10	1.00
$\ln k$	-4.51	-2.25	-0.24	3.00	4.98

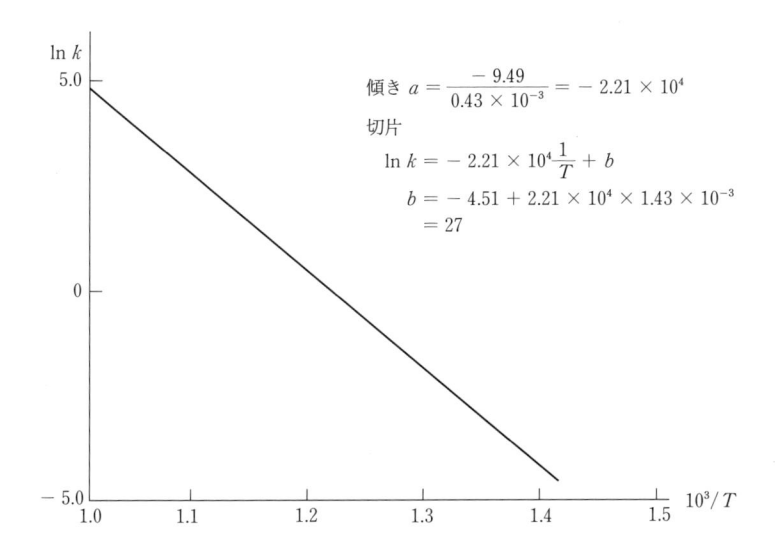

$$\text{傾き } a = \frac{-9.49}{0.43 \times 10^{-3}} = -2.21 \times 10^4$$

切片
$$\ln k = -2.21 \times 10^4 \frac{1}{T} + b$$
$$b = -4.51 + 2.21 \times 10^4 \times 1.43 \times 10^{-3}$$
$$= 27$$

傾きより　　$E^a = 2.21 \times 10^4 \times 8.31 \text{ J mol}^{-1} = 184 \text{ KJ mol}^{-1}$

切片より　　$A = \exp 27 = 5.3 \times 10^{11} \text{ mol}^{-1} \text{ dm}^3 \text{ s}^{-1}$

　原理的には2つの温度で反応速度を測定すれば，簡単な比例計算で頻度因子も活性化エネルギーも求まるはずである。しかし，実験に誤差はつきものであり，わずか2点の測定値から求めた値は信憑性に乏しい。そこで，何点か，場合によっては何十点もの測定値を求めることになる。これだけの点が直線に乗ることはかなり難しい。そのため，最小自乗法で各点を最小誤差で結ぶ直線を作図し，その傾き，切片などから必要な値を求めることになる。最近は電卓，パソコンの普及で，データを入力するだけで数値を求めることもできる。しかし，研究にはできるだけ black box を少なくすることが必要である。グラフを作図して，計算過程をチェックすることは必要なことである。

第 9 章

遷移状態理論

遷移状態理論は反応の途中に遷移状態を仮定し，このものの結合的性質を解析することによって，反応速度を理論的に導き出そうというものである。アイリングによって創始されたこの理論は，物理化学の諸理論の中でも特に精緻なものとして知られている。ここではこの理論の概略をわかりやすく解説する。

1 遷移状態（活性錯合体）

遷移状態は反応のエネルギー局面と密接に関係したものである。遷移状態と反応系のエネルギーとの関係を見てみよう。

（1） ポテンシャルエネルギー曲面
反応1は，分子AとBCが反応してABとCに再配列するものである。反応経路は極端な場合としてⅠ・Ⅱの2つが考えられる。すなわち，融合分子ABCを経由する経路Ⅰと，逆にすべての結合が切断された状態A＋B＋Cを経由する経路Ⅱである。

出発系，生成系，それと2つの極限状態，およびそれらに変化しつつある途中状態の，全系のエネルギーを表わしたのが，ポテンシャルエネルギー曲面 (potential energy surface) 図1である。エネルギーの高低を等高線で表わしてある。両軸はそれぞれAB，BC間の距離 R_{AB}，R_{BC} を示す。図の左上は出発系，右下は生成系で，それぞれエネルギーが低くなっている。

（2） 反 応 経 路
反応は登山と同様，この図上を左上から右下へと動いて行く。図中のⅠ，Ⅱを付した経路は反応1のⅠ，Ⅱに相当する。可能な経路はそれだけではない。最短距離で行く経路Ⅲやエネルギーの低い鞍部をたどる経路Ⅳなどがある。

各経路のエネルギー変化を示したのが図2である。エネルギー鞍部をたどった経路Ⅳが，エネルギー的に最も有利な経路である。経路Ⅳの最高エネルギー地点Yが，この経路での遷移状態のエネルギー，すなわち，活性化エネルギーということになる。もし，このY地点にボールを置いたなら，ボールは留まることはできず，エネルギーの坂を下り落ちることになる。これが遷移状態は出発系に戻るか，生成系へ進むかしか許されない系だという意味である。

図1におけるYは，この遷移状態の化学的（結合論的）構造を示している。すなわち，遷移状態が理論的に明らかになったわけである。

ポテンシャルエネルギー曲面

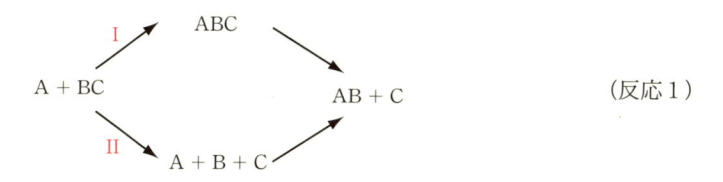

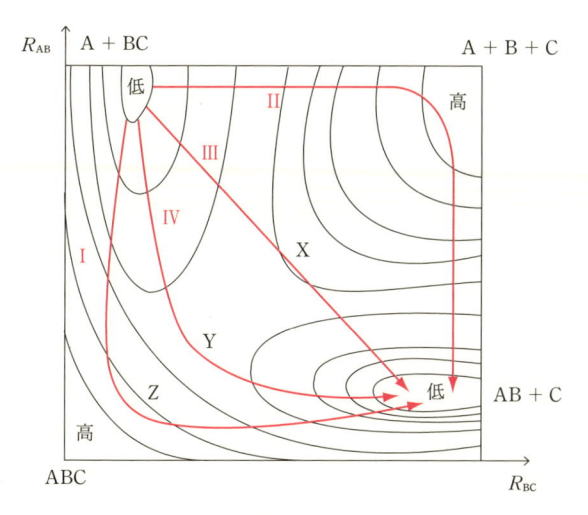

$$A + BC \xrightarrow{I} ABC \rightarrow AB + C$$
$$A + BC \xrightarrow{II} A + B + C \rightarrow AB + C$$

（反応1）

図1

活性化エネルギー

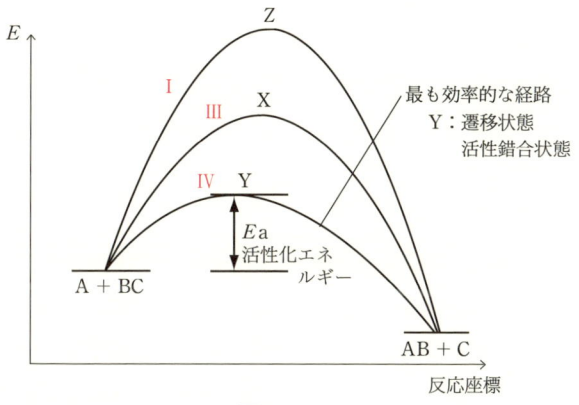

最も効率的な経路
Y：遷移状態
　　活性錯合状態

E_a 活性化エネルギー

反応座標

図2

2 遷移状態と時間

　衝突に始まり，原子の組み替えを伴って進行する反応が，どのような時間経過をたどるかは興味のあるところであろう．

（1） 三粒子系の時間変化

　反応 2 は分子 BC と原子 A の反応により，原子の組み替えが起こり，分子 AB と原子 C が生じる反応である．図 3 は反応 2 によって引き起こされる 3 原子 A, B, C の原子間距離の時間変化を示したものである．反応が開始される以前では，原子 BC 間の距離は結合距離であり，しかもそれは振動準位にしたがって伸縮している．一方，AB 間距離は無限大である．

　反応を予測して，原子 A が分子 BC に近付いてくる様子を示したのが図 3 の左部分である．原子 AB 間の距離が短くなり，BC 間の距離と等しくなって両者を表わす線の交わったところが反応時点である．反応後は AB 間距離が結合距離を保って伸縮し，BC 間の距離は増大の一途をたどる．

（2） 四粒子系の時間変化

　反応 3 は KCl と NaBr が，組み替えを起こして KBr と NaCl を生じる反応である．この反応では途中で 4 原子がそれぞれ緩い状態で結合しあった遷移状態をとる．各原子間距離を図 3 と同じようにして示したのが図 4 である．KBr 間距離は反応を予測して近付き，時間目盛 a で NaBr 結合距離と重なる．すなわち，時間 a で反応が開始されたことがわかる．一方，NaBr 間距離は時間 a を過ぎても，ほぼ結合距離を保ったまま伸縮を繰り返し，時間 b になって急に増大する．すなわち，時間 b で初めて，分子 NaBr が消滅したことがわかる．興味深いのは距離 BrCl である．この 2 原子は反応の前後を通じて結合することはないはずであるが，時間 ab 間内ではかなり近寄り，ほぼ結合範囲内に入っていることである．

　以上の原子間距離の時間変化は，時間 ab 間が遷移状態の持続する時間であることを示すものと考えられる．すなわち，時間 ab は遷移状態の寿命を示しているのである．

━━━━ 三 粒 子 系 ━━━━

$$A + B - C \longrightarrow A - B + C$$ （反応2）

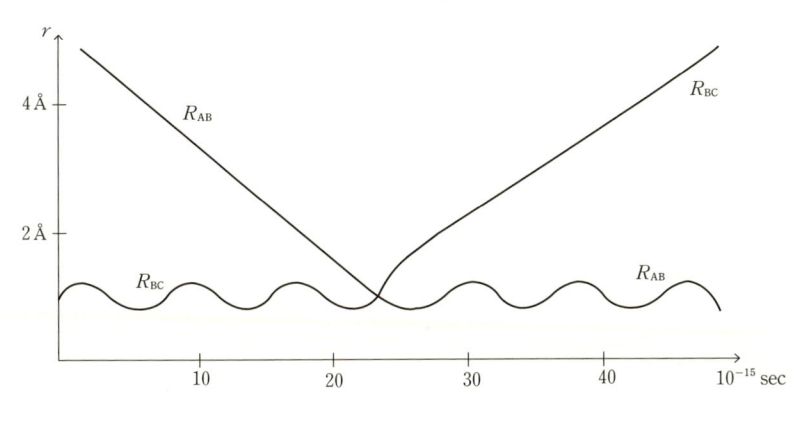

図3

━━━━ 四 粒 子 系 ━━━━

$$KCl + NaBr \longrightarrow \begin{matrix} K \cdots Cl \\ \vdots \quad \vdots \\ Br \cdots Na \end{matrix} \longrightarrow KBr + NaCl$$ （反応3）

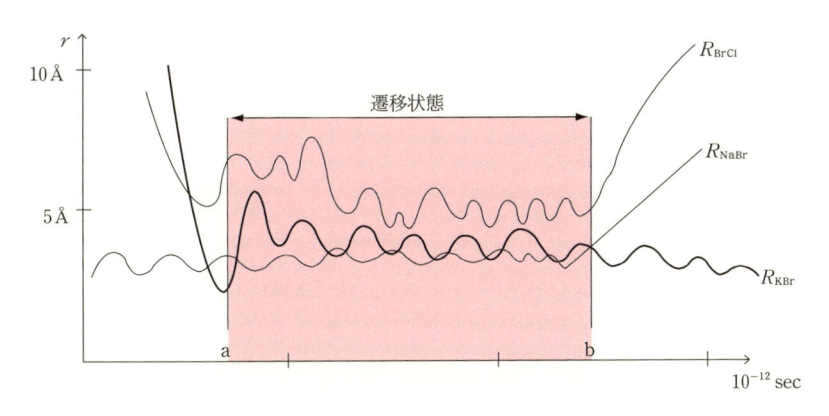

図4

3 反応速度式

　遷移状態理論は精緻をきわめた理論である。それだけに，完全に理解するためにはかなりの数学的素養を要求される。ここではこの理論のエッセンスを紹介する。

（1） 遷移状態を作る平衡反応
　遷移状態理論では反応4のように，出発物Sから生成物Pができる反応を，遷移状態Tを経由して進行するものと考える。いま，出発物，遷移状態，生成物をそれぞれ図5に示したものとして考えてみよう。出発系から遷移状態ができる過程は速い可逆反応であり，この平衡定数を $K^{\pm}$ と置く。遷移状態は出発系に戻る一方，ある速度で不可逆的に生成系に変化する。この速度定数を $k^{\pm}$ とする。

　この反応のエネルギー関係は，図6に示した通りである。この図は先に活性化エネルギーの説明の時に出た図（9章1節，図1）と本質的に等しいが，エネルギーの表式が異なっている。ここでは，ギブズの自由エネルギーGを縦軸としている。出発系と生成系との差 ΔG^0 は，両系間の標準自由エネルギー差であり，出発系と遷移状態間の差 $\Delta G^{\pm}$ は一般に活性化自由エネルギーとよばれ，活性化エネルギー E_a を自由エネルギーに変換して表示したものである。

（2） 反応速度式の表現
　さて，遷移状態理論では出発系から生成系に至る反応速度は，遷移状態 T の濃度とその遷移状態から，生成物Pが生成する反応の反応速度定数 $k^{\pm}$ の積に等しいと考える。すなわち式（6）である。平衡定数の定義から式（2）になるので，これからTの濃度を求めて，式（1）に代入すると式（3）となる。ところで，反応4は一次反応であり，反応全体の速度式は，反応全体の速度定数 k を使って式（4）で与えられる。式（3）と式（4）を比較すれば，速度定数 k は，式（5）で表わされることになる。そして全体の速度定数 k は，出発系と遷移状態との平衡定数 $K^{\pm}$ と，遷移状態からの反応速度定数 $k^{\pm}$ で表わされる。

━━━ 遷移状態 ━━━

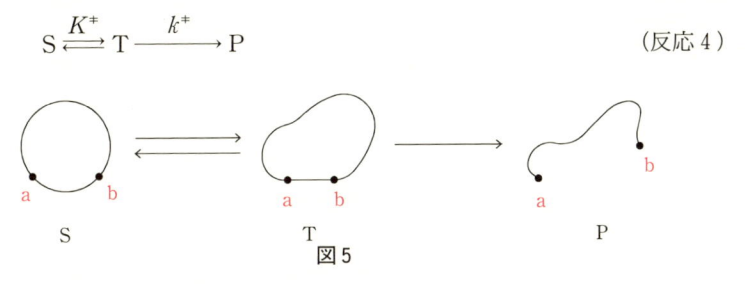

$$S \xrightleftharpoons{K^{\ddagger}} T \xrightarrow{k^{\ddagger}} P \qquad (反応4)$$

図5

━━━ エネルギー関係 ━━━

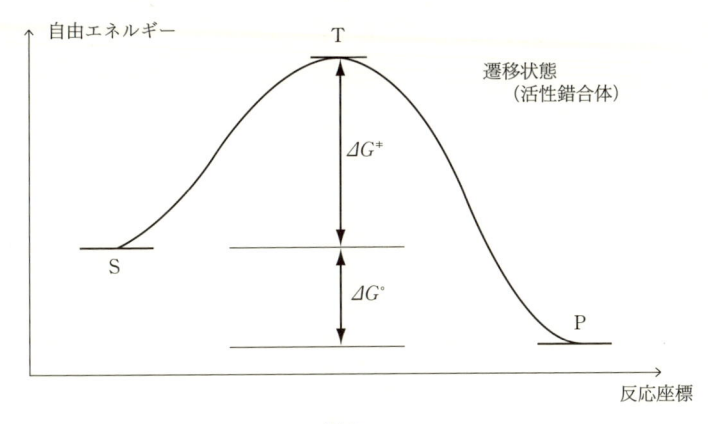

図6

━━━ 反応速度 ━━━

反応速度は遷移状態の濃度〔T〕と速度定数 $k^{\ddagger}$ の積に等しい。

$$\frac{d[P]}{dt} = k^{\ddagger}[T] \qquad (1)$$

$$K^{\ddagger} = \frac{[T]}{[S]} \text{ より} \qquad (2)$$

$$\frac{d[P]}{dt} = k^{\ddagger}K^{\ddagger}[S] \qquad (3)$$

$$\frac{d[P]}{dt} = k[S] \qquad (4)$$

$$k = k^{\ddagger}K^{\ddagger} \qquad (5)$$

4　分子振動と反応

8章2節では，速度定数を衝突論とボルツマン分布に基づく活性化エネルギーとを元にして求めた。その理論は単純明快で，かつその結果は，かなりの成果を納めた。とはいうものの，やはり理論と実験との間にかなり大きな相違が残った。それを立体因子Pという実験パラメータを導入することで切り抜けたことは，先に見た通りである。

遷移状態理論は，出発系から生成系に至るまでの原子挙動を逐一計算し，図1に相当するポテンシャルエネルギー曲面を求める。その上で，エネルギー的に最適な経路を明らかにし，その遷移状態を仮定する。そして，その遷移状態が生成系へ変化する変化速度を理論的に導き出そうというものである。

それでは，速度定数 $k^{\neq}$ が理論的にはどのように導かれるのか考えてみよう。

（1）　分子振動と結合切断

いま，遷移状態が図7で表わされるものであり，反応は遷移状態の結合 ab が切断することによって進行するものとして見よう。遷移状態に限らず，分子は常に振動しており，その振動の種類（モード）は自由度の数だけ存在する。すなわち，遷移状態は v^0 から v^n までの振動モードを持つ。

ところで，**反応は結合 ab の切断によるわけだから，ab の結合が極限まで伸びることによって反応が完結する。これは切断部の振動モード v^0 が，反応に直接関与することを意味する。**

（2）　分子振動とエネルギー

さて，振動モード v^0 が ab 結合の切断に至ったということは，このモードの振動エネルギーが，結合 ab を切断するのに十分なエネルギーであったということを意味する。すなわち，式(6)に示した通り切断エネルギー ε は，モード v^0 の振動エネルギー hv^0 に等しい。そして，この振動エネルギーは熱エネルギー k_BT と等しいのだから，式(7)が成立することになる。

式(6)，式(7)から振動モード v^0 の振動数を求めると式(8)となる。これが反応につながる振動，すなわち ab 間振動の振動数である。

振動モードと反応

遷移状態の振動の 1 モードが切断に変化する。

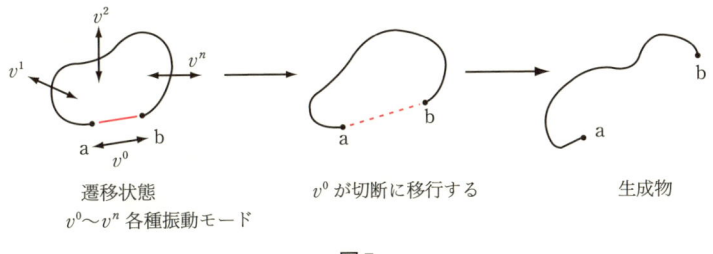

図7

遷移状態
$v^0 \sim v^n$ 各種振動モード

v^0 が切断に移行する

生成物

振動エネルギーと反応

温度 T で振動モード v^0 が切断につながったということは，v^0 の T における振動エネルギーが，ab 結合の切断に要するエネルギー ε より大きいことを意味する。

$$\varepsilon = h\nu^0 \tag{6}$$

$$= k_B T \tag{7}$$

ε：ab 結合の切断に要するエネルギー
ν^0：モード v^0 の振動数
k_B：ボルツマン定数
h：プランク定数

$$\therefore \nu^0 = \frac{k_B T}{h} \tag{8}$$

切断に至る振動の振動数

> 結合の切断は伸び縮みする
> ゴムの切断と同じです
> ゴムは伸び切った時にのみ
> 切断されます

5　速度定数の導出

前節で分子振動，すなわち原子間距離の振動が反応に結びつくことを見た。それでは分子振動は速度定数にどのように影響するのだろうか。

（1）　振動数と反応速度

図8は，結合ab間の振動（振動モードv^0）の周期性を表わしたものである。ab間の距離rが縦軸にとってある。図8の左図は振動数v^0の大きい場合，右図は小さい場合に相当する。

当然ながら，結合abの切断はab間の距離が最大に伸びきった時点で起こる。すなわち，図中，切と記した時点が結合切断に至る可能性のあるところである。要するにこの時点でのみ，遷移状態は生成系に変化することができ，結果として反応が進行できるのである。

ところで，反応速度は，単位時間当りのab結合切断回数と考えることができる。このことは，反応速度がab間の振動数v^0に比例するものと考えることができることを意味する。

（2）　速度定数

式（9）は以上の考えを式にしたものである。ところで，振動数は反応速度に結びつくが，ab結合が伸び切れば，そのつどすべて結合切断に至るというものでもない。そこで係数を導入する。係数κは透過係数とよばれ，ab間の振動のうち，実際に切断に至る割合を表わす。式（9）に先ほどの式（8）を代入すると式（10）となり，式（10）を式（5）へ代入すると，速度定数kが式（11）として与えられることになる。これを遷移状態理論の創始者の名前をとってアイリング（Eyring）の式といい，この式こそが遷移状態理論で演繹された速度定数なのである。

なお，遷移状態理論は精緻な理論であり，平衡定数$K^{\ddagger}$の中身も詳細にわたって議論されているが，ここでは，あえて触れる必要性もないし，むしろ速度論アレルギーを増やす結果に終わる確率が高い，ということを理由として触れないでおくことにしよう。

振動数と反応速度

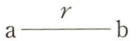

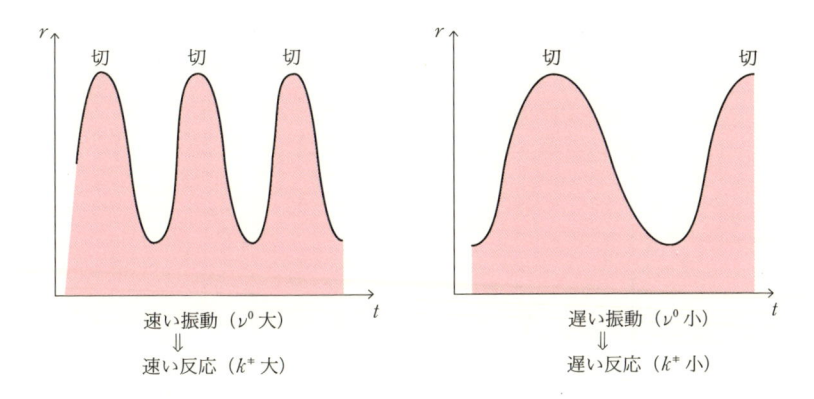

a ———r——— b

速い振動（ν^0 大）
⇩
速い反応（$k^{\neq}$ 大）

遅い振動（ν^0 小）
⇩
遅い反応（$k^{\neq}$ 小）

図 8

速 度 定 数

ab 結合が伸長した時点で結合切断に至る。
速い振動は切れる回数も多い。
$k^{\neq}$ は ν^0 に比例すると考えられる。

$$k^{\neq} = \chi \nu^0 \tag{9}$$

$$= \frac{\chi k_B T}{h} \tag{10}$$

（χ：透過係数（0.5〜1.0））

式(10)を式(5)へ代入する

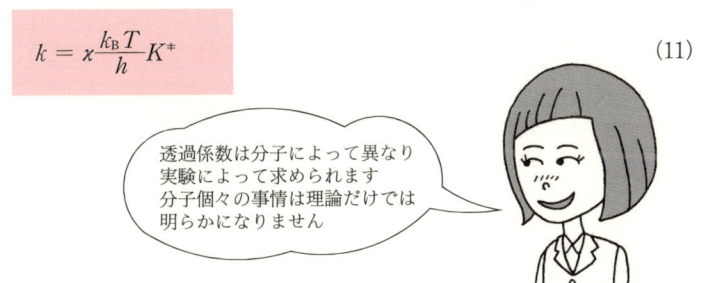

$$k = \chi \frac{k_B T}{h} K^{\neq} \tag{11}$$

透過係数は分子によって異なり実験によって求められます 分子個々の事情は理論だけでは明らかになりません

第9章 遷移状態理論

演習問題 1

下図は反応のポテンシャルエネルギー曲面である。次の問いに答えよ。

A 反応経路Ⅰ,Ⅱのエネルギー変化を図示せよ
B 状態a, b, c, dをそれぞれ何とよぶか答えよ。

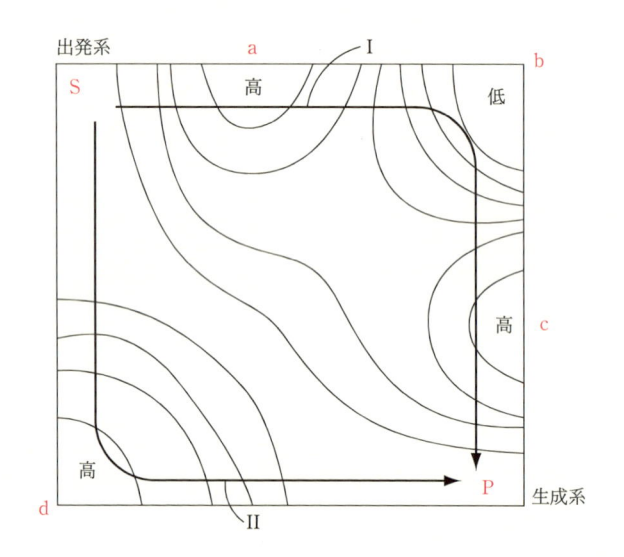

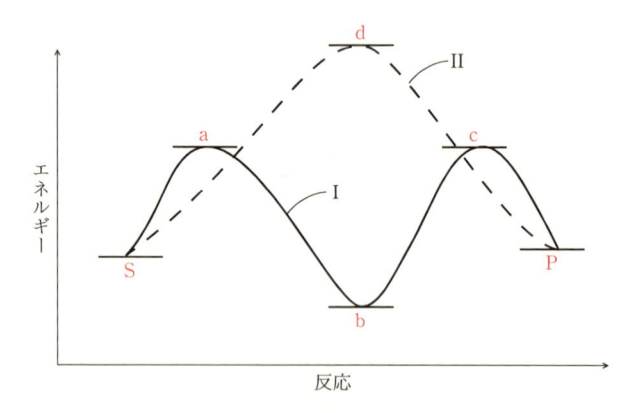

解 答 A 下図の通り

B a：遷移状態, b：中間体, c：遷移状態, d：遷移状態

演習問題 2

正しい文章に○をつけよ。
A 出発物質と生成物が決まれば，反応経路は1種類しか存在しない。
B すべての反応に遷移状態が存在する。
C 可逆反応においては，正反応と逆反応の遷移状態は等しい。
D 可逆反応においては，正反応と逆反応の活性化エネルギーは等しい。
E 遷移状態を取り出して調べることはできない。
F 遷移状態は，瞬間的に生成する状態であり時間変化はしない。
G 遷移状態の結合エネルギーは小さい。
H 切断される結合の振動数が大きい分子の反応は速い。

解答 ○：E，G，H

解説
B：拡散律速反応には遷移状態が存在しない。
D：下図において正反応の活性化エネルギーは $E_正$ であり，逆反応のものは $E_逆$ である。図からわかるとおり両者は一般に異なる。

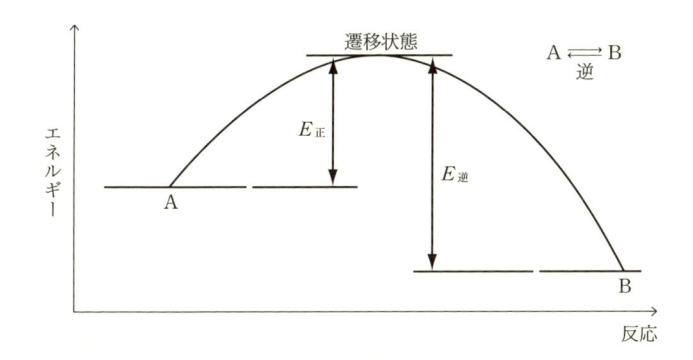

G：遷移状態では切断されるべき結合は切れかかっているので弱く，また生成すべき結合もまだ完成していないので弱い。これが遷移状態が高エネルギーとなる理由である。

第10章

活性化パラメータ

> 　遷移状態理論によって，それまで手探り状態で推論する以外なかった化学反応の途中経過が，白日の下に晒されることになった。このような遷移状態理論の中でも，特に有用なものとして知られているのが，活性化パラメータとよばれるいくつかの指標である。

1 活性化パラメータの種類

活性化パラメータにはいくつかの種類があるが,そのすべては反応速度定数に関係したものである。

(1) 速度定数の熱力学的意味

速度定数が衝突論的な機械的解析と,エネルギー論的な化学的解析との両方に耐えられるものであることは,第7章で明らかになった通りである。

このことは,速度定数には反応の機構(反応メカニズム)的な面の情報が集中していることを示すものである。すなわち,速度定数の熱力学的な意味を明らかにすれば,遷移状態の構造や性質,ひいては,反応の機構にわたって貴重な知見を得ることができるのである。

(2) 活性化パラメータ

遷移状態の性質を表わすものとして,活性化パラメータ (parameter of activation) とよばれるものがある。

これは,活性化自由エネルギー (Gibbs function of activation $\Delta G^{\ddagger}$),活性化エンタルピー (enthalpy of activation $\Delta H^{\ddagger}$),そして,活性化エントロピー (entropy of activation $\Delta S^{\ddagger}$) の3種であり,それらは互いに熱力学の基本公式,式(1)で結ばれている。

次節から,これら3種のパラメータがどのようにして求められるかを見て行くことにしよう。

速度定数の熱力学的意味

化学反応機構

出発物質 ⟶ 遷移状態 ⟶ 生 成 物
　　　　　　　 ‖
　　　速度定数によって解析可能

速度定数を決定するもの＝活性化パラメータ

活性化パラメータ

活性化パラメータ
　　$\Delta G^{\ddagger}$ ＝ 活性化自由エネルギー
　　$\Delta H^{\ddagger}$ ＝ 活性化エンタルピー
　　$\Delta S^{\ddagger}$ ＝ 活性化エントロピー

熱力学基本公式
　　$\Delta G^{\ddagger} = \Delta H^{\ddagger} - T\Delta S^{\ddagger}$

（1）

> $\Delta G^{\ddagger}$ はギブスエネルギーともよばれ定圧反応のエネルギー変化を表わします
> 多くの化学反応は１気圧の下で起こるので定圧反応なのです

2 活性化パラメータの導出

前節で見た3種類の活性化パラメータがどのようにして導き出されるのかを見てみよう。

（1） 基礎的取扱い

平衡を熱力学的な観点から解析すると熱力学の基本的な公式である式（2）となる。これは，平衡定数 $K^{\ddagger}$ と活性化自由エネルギー $\Delta G^{\ddagger}$ とを結ぶ式である。

式（2）を9章5節の式(11)に代入すると式（3）となり，これに，式（1）を代入すると式（4）となる。式（5）は式（4）を対数表示したものである。

式（5）と，先のアレニウスの式（9章3節，式（5））とを比較すると式（6）が導き出される。式（6）を温度 T で微分すると式（7）となる。

これで，3種の活性化パラメータ $\Delta H^{\ddagger}$，$\Delta G^{\ddagger}$，$\Delta S^{\ddagger}$ を求める準備は整ったことになる。

（2） 活性化パラメータの導出

式（7）の分子部分を比較すると，活性化エンタルピー $\Delta H^{\ddagger}$ は，式（8）で求まることがわかる。また，式（3）より活性化自由エネルギー $\Delta G^{\ddagger}$ が式（9）で求まることがわかる。そして，$\Delta H^{\ddagger}$，$\Delta G^{\ddagger}$ が求まれば基本公式，式（1）より活性化エントロピー $\Delta S^{\ddagger}$ が式(10)で与えられることになる。

なお，式（8）からわかるとおり，活性化エンタルピー $\Delta H^{\ddagger}$ と活性化エネルギー E_a との違いは，わずか熱エネルギー分（RT）しかなく，この違いを有意のものとする実験は，かなりの高精度のものに限られる。したがって，実際上，**活性化エンタルピーと活性化エネルギーの数値は，等しいものとして扱っても問題になることは多くない。**

（注）RT の値
$RT = 8.3(\mathrm{JK^{-1}mol^{-1}}) \times 300(\mathrm{K}) = 3.7(\mathrm{kJmol^{-1}})$

基礎的な取扱い

平衡の熱力学表示

$$K^{\ddagger} = \exp\left(-\frac{\varDelta G^{\ddagger}}{RT}\right) \tag{2}$$

9章5節式(11)に式(2)を代入

$$k = \varkappa \frac{k_{\mathrm{B}} T}{h} \exp\left(-\frac{\varDelta G^{\ddagger}}{RT}\right) \tag{3}$$

式(3)に式(1)を代入

$$k = \varkappa \frac{k_{\mathrm{B}} T}{h} \exp\left(-\frac{\varDelta H^{\ddagger}}{RT}\right) \exp\left(\frac{\varDelta S^{\ddagger}}{R}\right) \tag{4}$$

式(4)を対数に直すと

$$\ln k = \ln\left(\frac{\varkappa k_{\mathrm{B}}}{h}\right) + \ln T + \frac{\varDelta S^{\ddagger}}{R} - \frac{\varDelta H^{\ddagger}}{RT} \tag{5}$$

式(5)とアレニウスの式(8章3節,式(5))を比較すると

$$\ln A - \frac{E_{\mathrm{a}}}{RT} = \ln\left(\frac{\varkappa k_{\mathrm{B}}}{h}\right) + \ln T + \frac{\varDelta S^{\ddagger}}{R} - \frac{\varDelta H^{\ddagger}}{RT} \tag{6}$$

T で微分すると

$$\frac{E_{\mathrm{a}}}{RT^2} = \frac{1}{T} + \frac{\varDelta H^{\ddagger}}{RT^2} = \frac{RT + \varDelta H^{\ddagger}}{RT^2} \tag{7}$$

活性化パラメータの導出

式(7)より,$\varDelta H^{\ddagger} = E_{\mathrm{a}} - RT$ (8)

式(3)より,$\varDelta G^{\ddagger} = RT \ln\left(\frac{\varkappa k_{\mathrm{B}} T}{kh}\right)$ (9)

式(1)より,$\varDelta S^{\ddagger} = \left(\frac{\varDelta H^{\ddagger} - \varDelta G^{\ddagger}}{T}\right)$ (10)

> 活性化パラメータを求めるには
> 次節のアイリングプロットを用います
> これは先のアレニウスプロットと共に
> 反応速度論では非常に大切なグラフです

3 アイリングプロット

活性化パラメータを求めるには，グラフを用いると便利であり，このグラフを一般に，アイリングプロット（Eyring plot）という。これは，活性化エネルギーを求めるのに用いたアレニウスプロット（8章3節，図5）と並んで反応速度論における基本的なグラフである。

（1） アイリングプロットの実際

式（4）を温度 T で割ると式（11）となり，両辺の対数をとると式（12）となる。この式は，k/T の対数と温度の逆数が直線関係となることを示す。この関係を図示したのが図1である。

図より傾き $-a$ と切片 b とを求めれば，活性化エンタルピーと活性化エントロピーは，それぞれ式（13），式（14）で求められる。そしてこれら2つの活性化パラメータが求まれば，残りの活性化自由エネルギーは式（1）で与えられることになる。

（2） 速度定数の比較

ここで，速度定数の理論解が2つ出揃ったことになる。衝突論からの演繹と遷移状態理論からの演繹である。すなわち，衝突論では速度定数は8章7節，式（12）として表わされ，遷移状態理論では式（4）となった。

両者を比較してみよう。両式の中括弧部分（{　}）はいずれも定数部分と見なせるので比較から外す。先に，活性化エネルギーと活性化エンタルピーがほぼ等しいことを見た。したがって，式（4）のうち $\Delta H^{\ddagger}$ を含む exp 項 exp $(-\Delta H^{\ddagger}/RT)$ と8章7節，式（12）の exp 項 exp $(-\Delta E_a/RT)$ とは等しいことになる。

以上から式（15）の関係が浮かび出る。これは，衝突論における立体因子 P は，遷移状態理論における活性化エントロピーに相当するということを示すものである。このことは，系の乱雑さを表すというエントロピーの意味からいってうなずけることであろう。

アイリングプロットの実際

式(4)を T で割る

$$\frac{k}{T} = \frac{\chi k_B}{h} \exp\left(\frac{\Delta S^{\ddagger}}{R}\right) \exp\left(-\frac{\Delta H^{\ddagger}}{RT}\right) \tag{11}$$

対数をとる

$$\ln\left(\frac{k}{T}\right) = \ln\left(\frac{\chi k_B}{h}\right) + \frac{\Delta S^{\ddagger}}{R} - \frac{\Delta H^{\ddagger}}{RT} \tag{12}$$

$\ln\left(\dfrac{k}{T}\right)$ と $\dfrac{1}{T}$ が直線関係

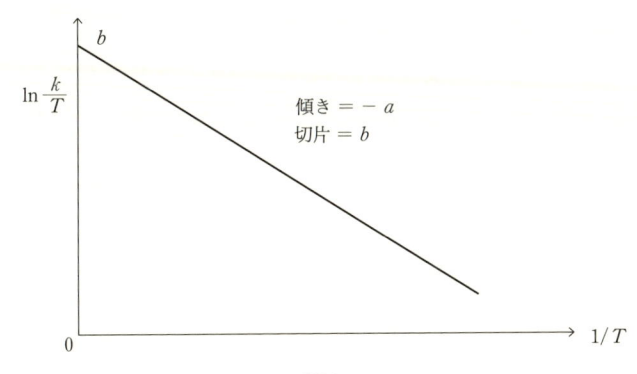

図1

$$a = \frac{\Delta H^{\ddagger}}{R} \qquad \Delta H^{\ddagger} = aR \tag{13}$$

$$b = \ln\left(\frac{\chi k_B}{h}\right) + \frac{\Delta S^{\ddagger}}{R} \qquad \Delta S^{\ddagger} = R(b - 23.76) \tag{14}$$

（ただし，$\chi = 1.0$ とする）

速度定数の比較

衝突論

$$k = P\left\{\sigma L\left(\frac{8kT}{\pi\mu}\right)^{1/2}\right\} \exp\left(-\frac{E_a}{RT}\right) \qquad (\text{8 章 7 節，式(12)})$$

遷移状態論

$$k = \left\{\chi\frac{k_B T}{h}\right\} \exp\left(-\frac{\Delta H^{\ddagger}}{RT}\right) \exp\left(\frac{\Delta S^{\ddagger}}{R}\right) \tag{4}$$

$$P \approx \exp\left(\frac{\Delta S^{\ddagger}}{R}\right) \tag{15}$$

4 活性化エンタルピーの意味

活性化パラメータの持つ意味を考えてみよう。

（1） 活性化自由エネルギーの内容

図2は9章3節，図6の再録のようなものである。アレニウスの取り扱いでは活性化エネルギー（E_a）とされていたものが，遷移状態理論では活性化自由エネルギー（$\Delta G^{\ddagger}$）と定義されている。自由エネルギーは，エネルギーを表わすエンタルピー項 $\Delta H^{\ddagger}$ と系の乱雑さ（自由度）を表わすエントロピー項 $\Delta S^{\ddagger}$ とからなる。これは，反応のために系が越えなければならない山は，エネルギーと自由度，という二層からなっていることを示すものである。つぎに，その各々の層の持っている化学的なイメージについて考えてみよう。

（2） 活性化エンタルピー

エンタルピーはエネルギーを表わすものであり，活性化エンタルピーはおもに，反応に伴う結合エネルギー変化を反映する。いくつか例をあげよう。

◎ 非局在化エネルギー

図3はメタン誘導体 CH_3-X の C-X 結合の解離に伴うエンタルピー変化を表わしたものである。解離基 X が水素，メチル基，ビニル基，フェニル基と変わるにつれ，活性化エンタルピーが減少する。これは各々の場合で遷移状態の安定度が異なることによる。すなわち，置換基がフェニル基の場合には，遷移状態に相当するジラジカルがフェニル基部分で非局在化でき，安定化が期待できるが，水素の場合にはこのような効果が期待できないためである。各置換基の場合にも非局在化の程度に応じるものと考えられる。

◎ 結合形成に伴う解裂エネルギーの補償

図4はオキシコープ転移であり，CO 結合の切断と CC 結合の生成とが同時進行している。そのため，結合の切断に伴うエネルギー損失が新たな結合生成によるエネルギー獲得によって損失補償され，その結果活性化エンタルピーが 119 kJ mol^{-1} という小さな値に収まったものである。

活性化自由エネルギーの意味

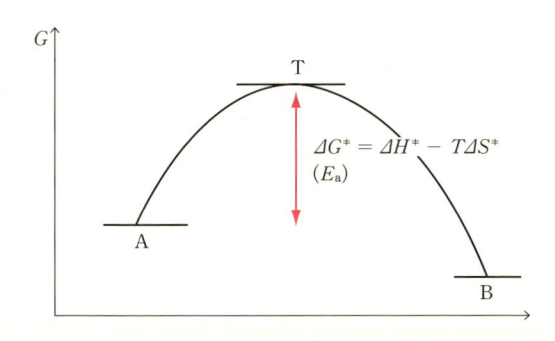

図2

$$\Delta G^{\ddagger} = \Delta H^{\ddagger} - T\Delta S^{\ddagger}$$
$$(E_a)$$

活性化エンタルピー

結合エネルギー反映

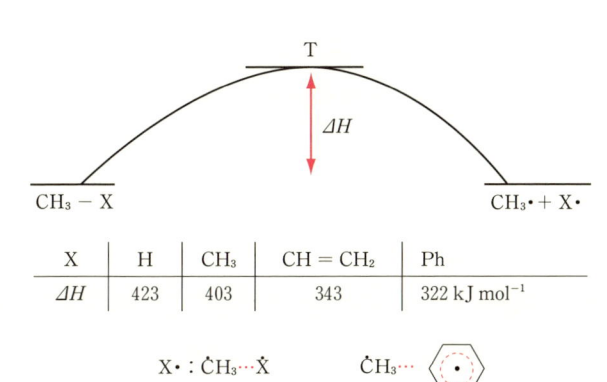

A. 共鳴エネルギー

$CH_3 - X \longrightarrow CH_3\cdot + X\cdot$

X	H	CH_3	$CH=CH_2$	Ph
ΔH	423	403	343	322 kJ mol^{-1}

$X\cdot : \dot{C}H_3\cdots\dot{X}$ $\dot{C}H_3\cdots$ ⬡

図3

B. 結合生成に伴う解裂の補償

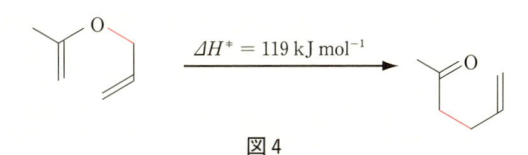

$\Delta H^{\ddagger} = 119 \text{ kJ mol}^{-1}$

図4

5　活性化エントロピーの意味

　活性化エントロピーは遷移状態の自由度（乱雑さ）に関するする情報を与える。これは遷移状態の構造を推定する上の重要な手がかりとなる。遷移状態はその定義の通り，エネルギーの極大値に相当することから，単離はもちろん，スペクトル的にも測定困難である。それだけにこの活性化エントロピーが与えてくれる情報は貴重なものである。

（1）　解裂反応と付加反応
　解裂反応の遷移状態は結合の伸長を伴う。したがって，一般に自由度は増加し，そのため活性化エントロピーは正になる。一方，付加反応の遷移状態は小さくまとまる傾向にあり，自由度は減少し，活性化エントロピーは負になりやすい。図5に若干の例をあげた。
　2分子のシクロペンタジエンが関与する反応では，シクロペンタジエンの二量化，2量体の分解，いずれも同じ遷移状態を経由するものと考えられる。しかし，図中，左から右に進行する2量化では，遷移状態は出発系より自由度が減少し，反対に右から左へ行く分解では，出発系と遷移状態の間に目立つほどの自由度変化はない。この結果がきれいに活性化エントロピーの違いとして表われている。

（2）　S_N1 反応と S_N2 反応
　置換反応が S_N1 機構か，それとも S_N2 で進行するのかを，実験的に判定するには困難が伴うことがある。ワルデン反転の有無は判定基準になるが，立体障害などが絡むといつでも利用できるわけでもない。
　このようなときの有力な判定基準となり得るのが活性化エントロピーである。図6にそれぞれの例をあげた。S_N2 反応では，出発系で2分子だったものが遷移状態では，攻撃試薬と共に弱い結合で繋がれ1つの系にまとまる。そのため，活性化エントロピーは負となる。それに対して S_N1 反応では，遷移状態は攻撃試薬を加えて3つの分子種（イオン）に分かれようとする状態に相当する。そのため自由度が増し，結果として活性化エントロピーは正になる。

解裂反応と付加反応

$$CH_3-CH_3 \longrightarrow CH_3\cdots CH_3 \longrightarrow 2CH_3\cdot \qquad \Delta S^{\ddagger} = 58 \, JK^{-1}mol^{-1}$$

$$CH_3-CH=CH_2 \longrightarrow \underset{CH\cdots CH_2}{\overset{CH_3}{\diagup}} \longrightarrow \triangle \qquad \Delta S^{\ddagger} = -29 \, JK^{-1}mol^{-1}$$

$\Delta S^{\ddagger}$（二量化）$= -122$
$\Delta S^{\ddagger}$（解離）$= \sim 0$

図5

S_N1 と S_N2

$$C_2H_5Br \xrightarrow[S_N2]{OH^{\ominus}} HO\cdots \underset{CH_3}{CH_2}\cdots Br \longrightarrow C_2H_5OH \qquad \Delta S^{\ddagger} = -42$$

$\Delta S^{\ddagger} \approx 0$

図6

> 活性化エントロピーの弱点は測定が困難であり，誤差が大きくなりがちなことです
> $\Delta S^{\ddagger} = 10 \pm 15$ などという場合どのように解釈したら良いのでしょう？

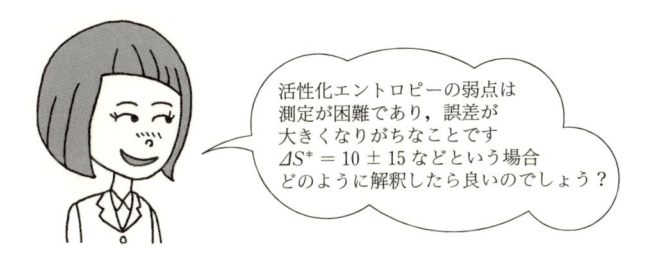

第 10 章 活性化パラメータ

演習問題 1

ある反応の速度定数の温度変化は実験値のようになった。この反応の 22°C における活性化パラメータを求めよ。ただし，$\varkappa = 1$ とする。

実験値

T/K	263	274	284	295
k/s	0.5	3.0	12	43

解答

アレニウスプロットより活性化エネルギー E_a は 93.4 kJ mol^{-1} と求まる。

活性化エンタルピー

式(79)より

$$\Delta H^\ddagger = E_a - RT$$
$$= 93.4 - 8.31 \times 10^{-3} \times 295$$
$$= 91 \text{ kJ mol}^{-1}$$

活性化自由エネルギー

式(80)より

$$\Delta G^\ddagger = E_a - RT \left(\frac{\ln \varkappa k_B T}{kh} \right)$$
$$= 8.31 \text{ JK}^{-1} \text{ mol}^{-1} \times 295 \text{ K} \ln \left(\frac{1 \times 1.38 \times 10^{-23} \text{ JK}^{-1} \times 295 \text{ K}}{43 \text{ s}^{-1} \times 6.626 \times 10^{-34} \text{ Js}} \right)$$
$$= 63 \text{ kJ mol}^{-1}$$

活性化エントロピー

式(81)より

$$\Delta S^\ddagger = \frac{(\Delta H^\ddagger - \Delta G^\ddagger)}{T}$$
$$= \frac{91 \text{ kJ mol}^{-1} - 63 \text{ kJ mol}^{-1}}{295 \text{ K}}$$
$$= 95 \text{ J mol}^{-1} \text{ K}^{-1}$$

演習問題 2

演習問題1と同じ問題をアイリングプロットを用いて解いてみよう。
式(82)に用いる値を計算する。

計算値

T/K	263	274	284	295
$10^3/T$	3.80	3.64	3.51	3.39
k/s	0.0019	0.011	0.042	0.146
$\ln(k/T)$	-6.27	-4.52	-3.165	-1.925

上の数値に基づいてアイリングプロットをとると下図のようになる。

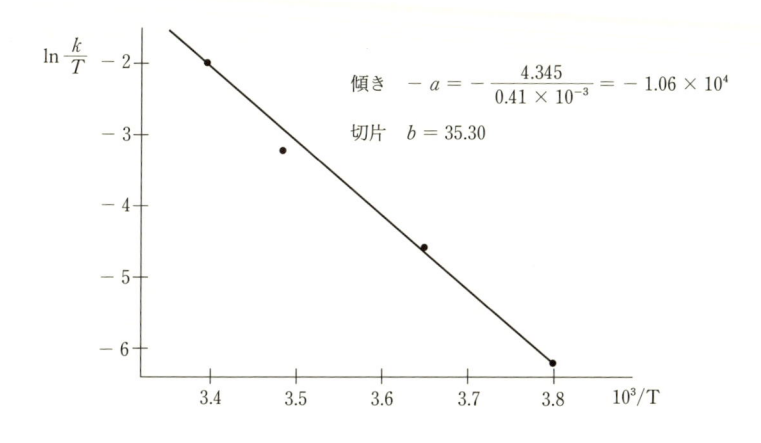

傾き $-a = -\dfrac{4.345}{0.41 \times 10^{-3}} = -1.06 \times 10^4$

切片 $b = 35.30$

以上の結果から

$$\Delta H^{\ddagger} = aR = 8.31 \times 1.06 \times 10^4 = 88 \text{ kJ mol}^{-1}$$

$$\Delta S^{\ddagger} = R(35.30 - 23.76) = 95.9 \text{ J mol}^{-1} \text{ K}^{-1}$$

第III部
反応速度に
影響するもの

反応速度はいろいろな要因の影響を受ける。その1つは反応が気体状態，液体状態，個体状態，これらのどの状態で進行するかで影響が違うことである。
　図1に気相と溶液中の分子の環境を模式的に示した。気相では，反応分子AとBの出会いを妨げるものは何もない。しかし，液体中ではそうはいかない。溶媒という夾雑物が大量に存在する。溶媒は，頼まれもしないのに2人の衣服になり，足かせにもなる。2人は，この邪魔者を押し分けながら進まなければならない。しかし，2人が出会ってしまえば，溶媒はこの状態をかばってくれることにもなる。溶媒に囲まれた出会いのペアーの状態で2つの分子は心ゆくまで反応することができる。
　図2は分子と固体との関係を示したものである。分子ABが固体表面に衝突すると固体に捕まってしまうことがある。この状態を吸着という。吸着状態では分子と固体表面に化学結合が生じている。したがって，分子は吸着によって新しい結合を形成したのだから，もう以前の分子のままではいられない。これが活性状態といわれるもので，触媒作用などの説明に使われるものである。
　反応に関与する分子の構造，性質も速度に影響する。それが顕著に出る例が置換基効果である。置換基効果には静電的なもの，分子軌道論的な軌道相間に基づくもの，質量に基づく同位体効果などがある。
　ここ第III部では，以上のようなことを詳細に検討して行く。

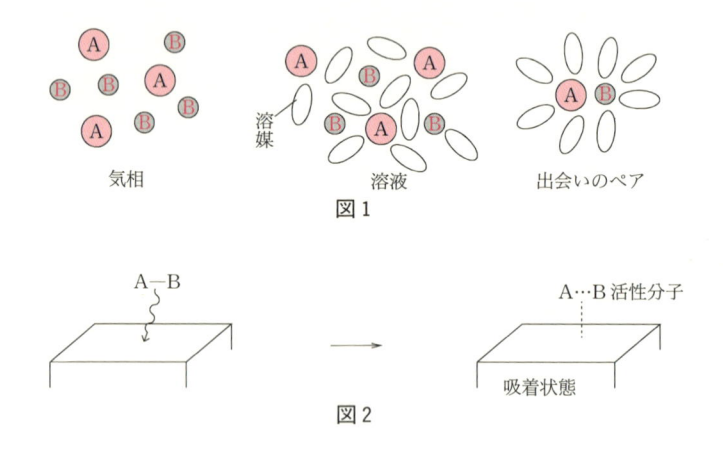

図1

図2

第 11 章
溶液反応

　これまで見てきた反応はすべて，反応分子と反応分子の間だけで起こる関係であった。これは，特別な反応様式である。反応系内に，直接反応する 2 分子しか存在しないということは実際にはあり得ず，反応分子の周囲には，他の分子が必ず存在する。

第11章 溶液反応

1 気相反応と液相反応

　気体中では反応に関与する各分子間の距離は十分遠いため，反応分子以外の分子による影響は無視できる。しかし，溶液中では反応分子は溶媒分子に取り囲まれている。そのため，溶媒分子の影響を考慮しなければならないことになる。

（1）溶　媒　和
　溶液反応と気相反応との1番の相違点は，溶液反応では反応分子近傍に溶媒分子が存在することである。溶媒分子は溶媒和（solvation）を通じて反応に関与する。図1左図は気相反応の模式図である。反応するA，B2分子は直接接触する。右図は溶液反応の図である。各反応分子は溶媒分子に取り囲まれており，これが溶媒和である。反応分子はいわば溶媒というオーバーを着込んで接触している。

　溶媒和は系を安定化するように働く。もちろん，安定化の程度は後で見るように，条件によって変わる。

（2）溶媒和分子の個数
　図2の反応は水溶液中で，臭化メチル CH_3Br がヒドロキシイオン OH^- の攻撃を受けて遷移状態Tを経由して，メタノールに変化するものである。グラフは反応の各段階が，水の溶媒和によって安定化される程度を表わしたものである。右端の n は溶媒和する溶媒（水）の分子数を示す。$n=0$ は気相反応，$n=\infty$ は溶液反応に相当する。

　溶媒和する分子の数によって，安定化の程度が変わる様子がよく表われている。このように，溶液反応では溶媒和による系の安定化が非常に大きく効いてくる。

　溶媒和は分子の攻撃能力へも影響を与える。ランニングシャツの代わりに，オーバーを着込んでジョギングしたらタイムは落ちる道理である。

気相反応と液相反応

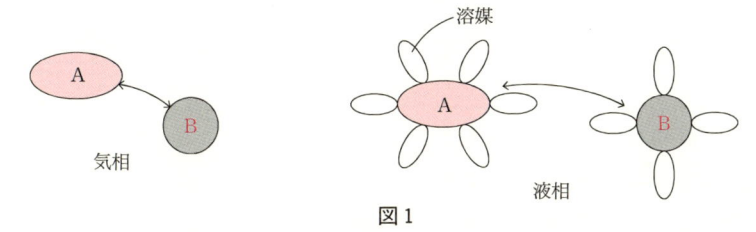

図1

気相 / 溶媒 / 液相

溶媒和とエネルギー

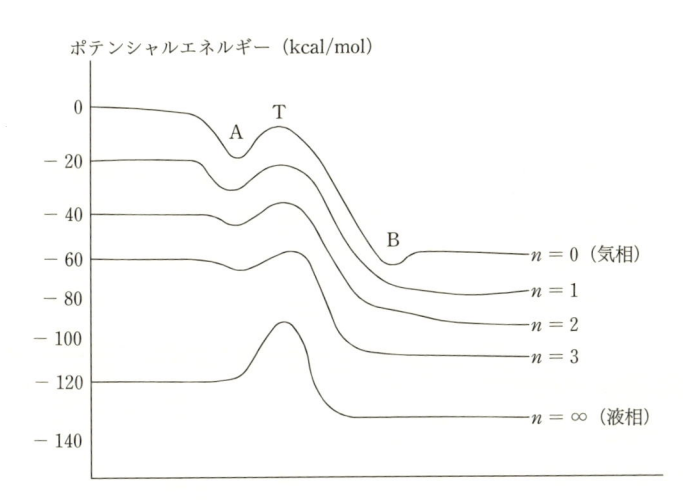

$$^{\ominus}\text{OH}(\text{H}_2\text{O})_n + \text{CH}_3\text{Br} \longrightarrow \text{Br}^{\ominus}(\text{H}_2\text{O})_n + \text{CH}_3\text{OH}$$

図2

A, T, B

ポテンシャルエネルギー (kcal/mol)

$n = 0$ (気相)
$n = 1$
$n = 2$
$n = 3$
$n = \infty$ (液相)

2　反応速度の溶媒依存性

反応速度が溶媒和によってどのように影響されるかを見てみよう。

（1）　溶媒和と電荷
溶質，溶媒の電荷と溶媒和との間には，次の経験則が知られている。
◎　溶質電荷が増大すれば，溶媒和も増大する。
◎　溶質の電荷分布が拡大すれば，溶媒和は減少する。電荷が同じ+1ならば，電荷の拡がる面積が小さい方が溶媒和に有利であるということである。
◎　溶媒の双極子モーメントが増大すれば，溶媒和も増大する。同じ程度の電荷分離を有する溶媒なら電荷間距離が大きい方が有利となる。

（2）　活性化エネルギーと溶媒和
溶媒和によって分子種は安定化される。図3は溶媒和が活性化エネルギーに与える影響を表わす。**a** では出発系が大きく溶媒和されている。この場合は，活性化エネルギーの実質的な増加になるので，反応速度は低下する。**b** は遷移状態が大きく溶媒和された場合である。活性化エネルギーは減少し，反応速度は加速される。**c** は出発系，遷移状態，共に同程度溶媒和された例である。活性化エネルギーの変化はなく，したがって反応速度にも変化はない。

（3）　反応機構と溶媒和
反応機構によって荷電分子種は異なり，溶媒和の様子も違ってくる。

反応1は S_N1 反応であり，遷移状態で極性が現われる。この系では遷移状態で大きく溶媒和されるから，図3 **b** に相当し，溶媒和で反応が促進される例である。したがって，溶媒の極性が増すと反応速度が加速されることが期待される。反応溶媒，誘電率 ε，およびその溶媒中での相対反応速度 k を示した。溶媒極性の増加と共に反応速度が著しく加速している。

S_N2 反応2は，遷移状態で極性が希薄になるケースなので，溶媒の極性が増加すると，遷移状態よりも出発系の方が安定化される図3 **a** に相当する。そのため，溶媒の極性が増大すると反応速度は減少し，予想と一致している。

電荷と溶媒和

a) 溶質電荷増大 ——————→ 溶媒和増大
b) 溶質電荷分布拡大 ————→ 〃 減少
c) 溶媒双極子モーメント大 —→ 〃 増大

活性化エネルギーと溶媒和

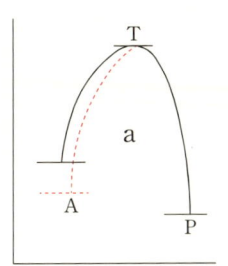

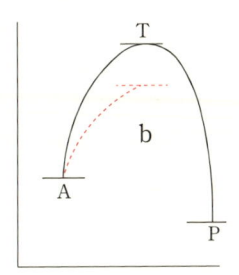

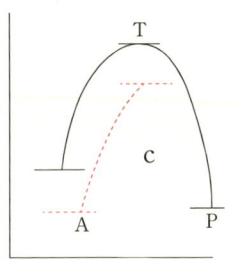

図3

反応機構と溶媒和

S$_N$1

$$(CH_3)_3C-Cl \xrightarrow{k} [(CH_3)_3\overset{\delta+}{C}\cdots \overset{\delta-}{Cl}] \to (CH_3)_3C^\oplus + Cl^\ominus \longrightarrow (CH_3)_3CX$$

(反応1)

溶媒	C_2H_5OH	CH_3OH	$HCONH_2$	H_2O
ε	24.6	32.7	37.0	78.5
k	1	9	430	135,000

S$_N$2

$$HO^\ominus + H_3C-S^\oplus\!\!\begin{array}{c}CH_3\\CH_3\end{array} \xrightarrow{k} \left[\overset{\delta-}{HO}\cdots CH_3\cdots \overset{\delta+}{S}\!\!\begin{array}{c}CH_3\\CH_3\end{array}\right] \to HOCH_3 + S(CH_3)_2$$

(反応2)

溶媒	100% C_2H_5OH	80% C_2H_5OH	60% C_2H_5OH	100% H_2O
k	19,570	481	41	1

3 プロトン放出能と反応速度

溶媒には酸のように，プロトンを放出する能力を持つものがある。溶媒がプロトンを放出する能力をプロトン放出能という。

（1） プロトン放出能と反応速度

反応3はS_N2の例である。図4のグラフは，この反応の反応溶媒をメタノールから，DMACに徐々に変えて行ったときの反応速度変化を表わしたものである。100％DMAC中での反応速度を1とすると，100％メタノール中では1億分の1となっている。この反応速度のとんでもない違いは，両溶媒の極性の違い（誘電率32.7と37.8）で説明できるものではない。これは，溶媒メタノールが塩素イオンを取り囲み，塩素イオンから攻撃能力を奪ったからである。同じ程度の極性でありながら，DMACでなく，メタノールのみが塩素イオンを強く溶媒和できたのは，メタノールの水素結合能力に由来する。水素結合の強い結合力でしっかりと塩素イオンを取り囲んでいたのである。

（2） プロティックとアプロティック

このように，水素結合能力の有無は，溶媒の性質に大きく影響する。そこで，溶媒をプロトンを放出して水素結合する能力の有無で，プロトン性溶媒（protic solvent）と非プロトン性溶媒（aprotic solvent）とに分けることがある。プロトン性溶媒中ではアニオンは強く溶媒和される。特にイオン半径の小さいアニオンほど強く溶媒和されて，結果，求核性を失う。反対に非プロトン性溶媒中では，アニオンは溶媒和されることなく，裸のアニオンとして本来の性質を示す。

（3） ルイス酸，塩基

ルイス酸，塩基度によっても溶媒の性質は異なる。ルイス塩基溶媒中ではカチオンが溶媒和され，カチオンは反応性を示せなくなる。その分，アニオンは本来の性質を示すことになる。反対にルイス酸溶媒中では反対に，アニオンが溶媒和される結果，カチオンが裸となり，本来の性質を示すことになる。

水素結合の影響

$$Cl^{\ominus} + CH_3I \longrightarrow Cl\cdots CH_3\cdots I \longrightarrow ClCH_3 + I^{\ominus} \quad (反応3)$$

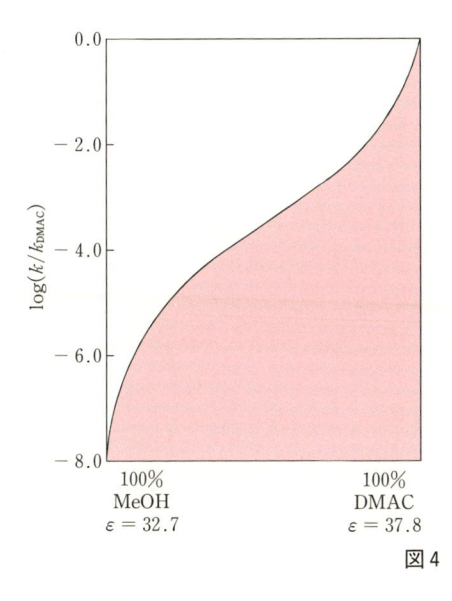

図4の縦軸: $\log(k/k_{DMAC})$
横軸左端: 100% MeOH, $\varepsilon = 32.7$
横軸右端: 100% DMAC, $\varepsilon = 37.8$

水素結合に基づく溶媒和のため反応性低下

DMAC：ジメチルアセトアミド

図4

プロトン放出能

プロトン性溶媒
　イオン半径の小さいアニオンほど強く溶媒和されて求核性を失う。

非プロトン性溶媒
　アニオンは溶媒和されず，本来の性質を示す。

ルイス塩基溶媒
　CH_3CN, DMSO, DMAC
　カチオンを溶媒和して裸のアニオンを作る。

ルイス酸溶媒
　SO_2, $SbCl_3$
　アニオンを溶媒和して裸のカチオンを作る。

4 拡散律速反応

反応分子が出会うと同時に反応してしまう反応がある。このような反応を拡散律速反応という。

（1） 出会いのペアー

図5は溶液反応を表わす。溶媒和された分子A，Bが出会う確率は大きくはない。分子は，溶媒をかき分けて進まなければならない。しかし，いったん出会うと，その状態も溶媒で囲まれるため，解離する確率は小さい。この結果，A，Bが近づいて存在する時間も長くなるため，反応に進む確率も大きくなる。

この出会った状態を"出会いのペアー"とよぶ。ペアーの生成，解離速度定数を k_d，k_d'，生成物への反応速度定数を k_p とする。AとBは出会いさえすればペアーを形成するので，k_d は溶液中の分子の移動速度に相当するものと考えられる。ここで，出会いのペアー AB が生成物 P を作る速度 k_p が十分大きいとき，この反応を拡散律速反応（diffusion control）という。

ラジカル反応がこれに相当する。ラジカル同士が結合する活性化エネルギーは零に等しい。この場合，出会いのペアーができれば，その後の反応は瞬時に進行する。反応速度はA，Bの溶液中での出合い速度に依存することになる。

（2） 速度式

図5の反応において，出会いのペアーABに関して定常状態近似を適用すると式（1）となる。これからABの濃度は式（2）で求められる。生成物Pの生成速度は式（3）となるので，ここに式（2）を代入すると式（4）が出る。もし，k_p が解離速度 k_d' に比べて十分大きければ，式（5）が成立する。これは反応速度がA，Bの近づく速さ k_d に依存することを表わす。k_d は溶液中を分子が拡散移動する速度に相当することから，このような反応を拡散律速反応という。

k_d は反応分子A，Bには関係せず，ほとんど，溶媒の粘度で決まる値であり，ほぼ $k_d > 10^9 \mathrm{M^{-1}s^{-1}}$ 程度である。

k_d' が k_p より十分大きい場合には式（6）が成立する。反応速度は，P生成の活性化エネルギーで決まることになる。このような反応を活性制御反応とよぶ。

━━━ 出会いのペアー ━━━

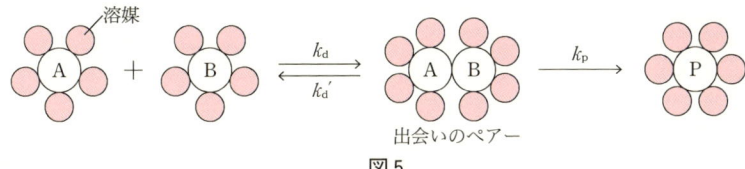

図5

━━━ 速 度 式 ━━━

$$\frac{d[AB]}{dt} = k_d[A][B] - k_d'[AB] - k_p[AB] = 0 \qquad (1)$$

$$[AB] = \frac{k_d[A][B]}{k_p + k_d'} \qquad (2)$$

$$\frac{d[P]}{dt} = k_p[AB] \qquad (3)$$

$$= \frac{k_p \cdot k_d}{k_p + k_d'}[A][B] \qquad (4)$$

◎ $k_d' \ll k_p$ なら

$$\frac{d[P]}{dt} = k_d[A][B] \qquad (5)$$

反応速度は A, B が近づく速度に依存する
拡散律速反応（$E_a \approx 0$　$k_d > 10^9\,\mathrm{M^{-1}\,s^{-1}}$ 程度）

◎ $k_d' \gg k_p$

$$\frac{d[P]}{dt} = \frac{k_d}{k_d'}k_p[A][B] \qquad (6)$$

AB の変化の活性化エネルギーが大きい場合，活性制御反応

「出会いのペアー」なんて化学もロマンチックな言葉を使うのネ！

5　拡散律速速度定数 k_d

拡散律速反応の速度定数は溶媒のみに依存する。このことを検証しておこう。

（1）全　流　速

図6では，静止分子Aに分子Bが近づくものとして示した。R^* は臨界距離とよばれ，これ以内にBが入ると反応が起こってしまう距離を表わす。

まず，A分子1個について考えよう。分子Aを囲む半径 r の球面を考え，この球面を単位時間当りに通過する分子Bの個数を考える。式(7)がそれを表わす。ここで J_B は11章6節でみる，式(16)に相当するものであり，それを代入すると式(8)となる。式(8)を数学的に処理すると式(9)となる。これは速度が拡散係数 D と，濃度の積で表わされることを示している。

以上の解析では，分子Aは動かないものとしたが，実際には動いているのだから，拡散定数をAのものとBのものとの和で表わす必要がある。以上でA分子1個に対しての，B分子のすべての流速が求まったことになる。それが式(10)である。式(10)をすべてのA分子に拡大するためには，Aの個数を掛ければよく，その結果，全流速は式(11)で求まったことになる。

（1）拡散律速速度定数

式(11)を先ほどの式(5)と比較すると拡散律速速度定数 k_d は式(12)となる。

拡散係数は粘度 η を使って式(13)で表わされる。ところで，ここでの議論はかなり近似が入っているので，有効流体半径 R と先の臨界距離 R^* を厳密に区別する意味はない，したがって，式(14)の近似を入れても問題はない。

式(14)を式(12)に代入すれば式(15)となる。すなわち，拡散律速反応速度定数は温度と溶媒の粘度 η にのみ依存することが証明されたわけである。参考までに，若干の拡散律速反応の速度定数をあげる（溶媒はすべて水である）。

反応（溶媒はすべて水）			速度定数
$H_3O^+ + OH^-$	→	$2H_2O$	1.4×10^{11}
$H_3O^+ + CH_3COO^-$	→	$CH_3COOH + H_2O$	4.5×10^{10}
$NH_4^+ + OH^-$	→	$NH_3 + H_2O$	3.4×10^{10}

━━━━━━━━━━━━━ 全 流 速 ━━━━━━━━━━━━━

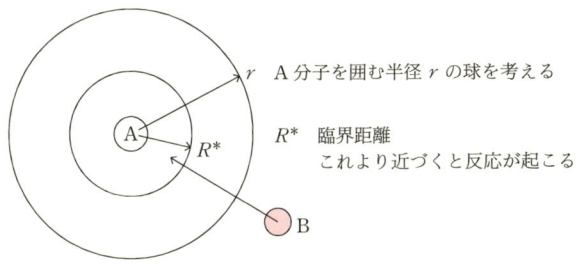

r　Aを囲む半径 r の球を考える

R^*　臨界距離
　　　これより近づくと反応が起こる

図6

A 1個について

$$v_B = 4\pi r^2 J_B \tag{7}$$

$$J_B = -D_B \frac{d[B]}{dr} \tag{11章, 式(16)}$$

$$v_B = -4\pi r^2 D_B \frac{d[B]}{dr} \tag{8}$$

$$= 4\pi R^* D_B [B] \tag{9}$$

A も動くことを考えると

$$v_{AB} = 4\pi R^*(D_A + D_B)[B] \tag{10}$$

すべての A について

$$v = 4\pi R^* L (D_A + D_B)[A][B] \tag{11}$$

━━━━━━━━━ 拡散律速速度定数 ━━━━━━━━━

$$\therefore\ k_d = 4\pi R^*L(D_A + D_B) \tag{12}$$

$$D_A = \frac{k_B T}{6\pi\eta R_A} \tag{13}$$

（η：溶媒粘度，R：有効流体半径）

$$R_A = R_B = \frac{1}{2}R^* \tag{14}$$

$$k_d = \frac{8}{3}\frac{Lk_B T}{\eta} \tag{15}$$

拡散律速反応は遷移状態が存在せずしたがって，活性化エネルギーがゼロの反応です

6 拡散（参考）

　前節で拡散に関する記述と式が出ていた。ここで拡散について触れておこう。**拡散（diffusion）は分子が濃度勾配にしたがって，濃度の高い所から低い所へ移動し，最終的に濃度組成が均一になる現象である。**

（1）フィック（Fick）の第1法則

　図7において，x 軸上を拡散する物質の速度 J_x はその軸上の濃度勾配に比例すると考えられる。これをフィックの第1法則という。式で表わせば式(16)となる。ここで比例定数 D を特に**拡散係数（diffusion coefficient）**とよぶ。

（2）拡 散 係 数

　図7において，単位面積の窓を拡散によって通過する分子数を考えると，それはこの窓に衝突する分子数に等しいと考えられるから，7章7節で求めた式(39)で与えられる。ここで，x 地点での分子密度 N/V を $C(x)$ と書くことにすると，7章7節の式(39)は式(17)となる。

　窓の地点での拡散速度は，左から窓を通過する分子数と右から通過する分子数との差と考えられるから，式(18)で与えられる。式(17)を利用し，距離 x を平均自由行程 λ とおくと式(19)となる。この式に展開の公式（本頁下端参照）を適用し，整理すると式(20)となる。これは結局，**拡散速度**を表わしていることに注意し，式(16)と比較すれば，拡散係数は式(21)で求められることになる。

　しかし，ここでの取扱いは実は厳密さを欠いており，窓に斜めに入る分子をも考慮すると 2/3 をかける必要があることがわかる。平均自由行程の式，7章7節の式(44)を代入整理すると，結局，拡散係数は式(23)で与えられる。

参 考

$$C(x+\mathrm{d}x) = C(x) + \frac{dC}{\mathrm{d}x}\cdot \mathrm{d}x$$

$$J_x = \frac{1}{2}V_x\left\{\left(C(0) - \frac{\mathrm{d}C}{\mathrm{d}x}\cdot\lambda\right) - \left(C(0) + \frac{\mathrm{d}C}{\mathrm{d}x}\cdot\lambda\right)\right\}$$

$$= -\lambda V_x\left(\frac{\mathrm{d}C}{\mathrm{d}x}\right)$$

フィックの第1法則

x軸上を拡散する物質の流速 J_x は x 軸上の濃度勾配に比例する。

$$J_x = -D\frac{dC}{dx} \tag{16}$$

（D：拡散係数，C：濃度）

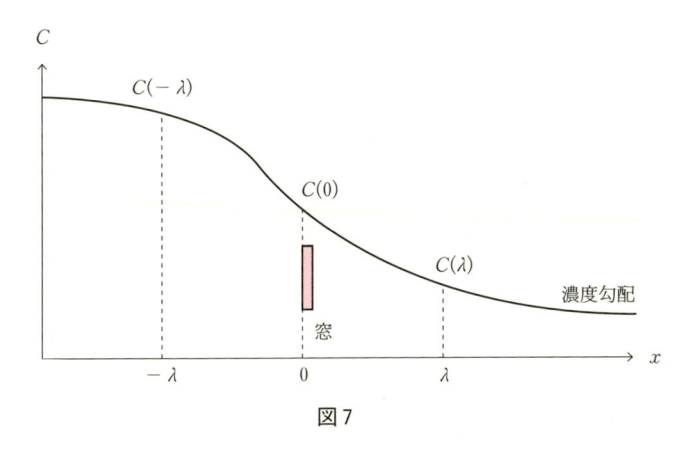

図7

拡散係数

窓を通過（窓へ衝突）する分子数

$$Z_w = \frac{1}{2}\frac{N}{V}\bar{v}_x = \frac{1}{2}C(x)\bar{v}_x \tag{17}$$

流速は窓を左右から通過する分子数の差である。距離を λ とすると

$$J = Z_w(左) - Z_w(右) \tag{18}$$

$$= \frac{1}{2}\bar{v}_x\{C(-\lambda) - C(\lambda)\} \tag{19}$$

$$= -\lambda\bar{v}_x\left(\frac{dC}{dx}\right) \tag{20}$$

式(52)と(48)の比較より

$$D = \lambda\bar{v}_x \tag{21}$$

斜めに窓に入る分子をも考慮すると

$$D = \frac{2}{3}\lambda\bar{v}_x = \frac{1}{3}\lambda\bar{C} \tag{22}$$

$$= \frac{2}{3}\frac{1}{\sigma P}\left(\frac{k^3 T^3}{\pi m}\right)^{1/2} \tag{23}$$

第11章 溶液反応

演習問題 1

下図は可逆反応 A $\rightleftarrows$ B のエネルギー関係を表したものである。問いに答えよ。

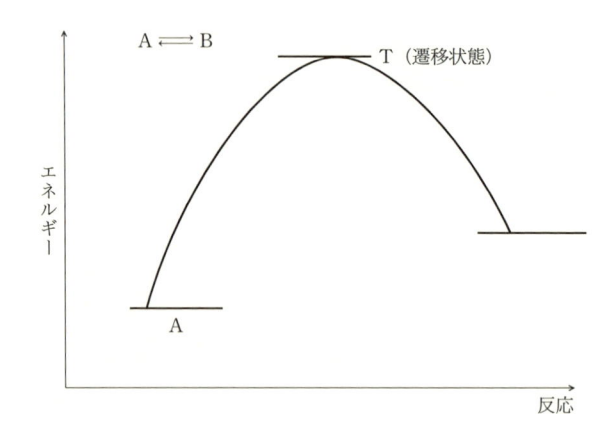

A 遷移状態と生成物が溶媒和して、両者とも同じエネルギーだけ安定化した場合のエネルギーを図に描きこめ。

B 正反応、逆反応、それぞれの活性化エネルギーはどのように変化するか。

解答

A 下図の通り

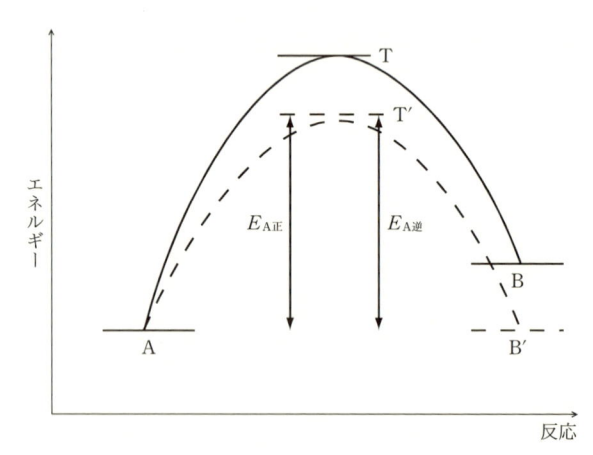

B 正反応の活性化エネルギーは、小さくなるが逆反応は変わらない。

> **演習問題** 2

次の文章の空欄に語群から適当な語を選んで入れよ。ただし，同じ語を何回選んでも良い。

A 反応 A＋B→C を 1 で行う場合，考慮すべき分子は A，B，C の 3 種だけである。

B しかし，同じ反応を液相で行う場合には， 2 の関与を考慮しなければならない。

C 溶媒が溶質に分子間力で結合することを 3 といい，溶媒が水の場合には特に 4 という。

D 溶質と溶媒の間に結合ができると，溶質のエネルギーは 5 し， 6 化する。

E 液相反応では反応分子は， 7 をかき分けるようにして進行し，やがて出会う。この両者が出会った状態を 8 という。

F 出会いのペアーは溶媒に囲まれているので， 9 ことは困難であり，反応が起こるに十分な時間，ペアーのままで留まる。

G 10 が生成物に移行する速度が十分に 11 場合，反応の速度は出会いの速度に依存する。このような反応を 12 という。

H 13 は， 14 エネルギーが無視できるほど小さい場合に起こる。

> **語群**

ア「溶媒和」，イ「水和」，ウ「速い」，エ「遅い」，オ「安定」，カ「不安定」，キ「別れる」，ク「出会う」，ケ「低下」，コ「上昇」，サ「拡散律速反応」，シ「平衡反応」，ス「速度支配反応」，セ「平衡支配反応」，ソ「出会いのペー」，タ「別れのペアー」，チ「溶媒」，ツ「溶質」，テ「気相」，ト「液相」，ナ「個相」，ニ「活性化」，ヌ「不活性化」ネ「遷移」

> **解答**

1＝テ，2＝チ，3＝ア，4＝イ，5＝ケ，6＝オ，7＝チ，8＝ソ，9＝キ，10＝ソ，11＝ウ，12＝サ，13＝サ，14＝ニ

第 12 章

固相反応

　先に気体分子の反応を扱い，そして前章では液相中での反応を見た。残るは固相の関与した反応である。伝統的に固相中での反応を化学で扱うことは少ない。しかし，金属触媒反応の多くは固相表面の反応を含む。ここでは，固相と気体分子間の相互作用に限って見て行くことにする。

1 吸　　着

図1に示したように，気体分子が固体表面に衝突すると，ある力が働き，分子が表面に一定時間留まる。これを吸着（adsorption）という。吸着された分子は適当な時間の後，固体表面から離れる。これを脱着（desorption）という。

（1）吸着エネルギー

分子が固体表面に吸着される場合のエネルギー変化の概念図を図2に示した。横軸は分子と表面の距離を表わす。分子が表面に近づくにつれ，エネルギーが低下し，極小値Pに至る。さらに近づくと一般にエネルギーは上昇するが，やがて次の谷に至る曲線が表われる。その曲線に乗り移ると，新たな極限値Cに至る。

それよりさらに近づくことはエネルギー的に無理である。これは吸着という現象に2種あることを示している。

（2）物理吸着と化学吸着

最初の谷Pに至る吸着を物理吸着という。これは分子と固体表面の吸着力がおもにファン・デル・ワールス（van der Waals）引力に基づくものである。したがって，吸着力はあまり強くなく，吸着された分子も吸着による性質変化は受けていないと考えられる。

次の深い谷Cに至る吸着は化学吸着とよばれる。ここでは，分子と固体表面はある種の化学結合で結ばれていると考えられる。したがって，吸着力は強く，かつ吸着された分子は，固体表面と新たな結合を形成した分，性質が影響を受けている。後に述べるように，これが固体触媒作用の源泉になるのである。

物理吸着と化学吸着の吸着エンタルピーを示しておいた。物理吸着のエンタルピーは固体の種類に影響されないが，化学吸着のエンタルピーは固体によって大きく変化している。

━━━━━ 吸着と脱着 ━━━━━

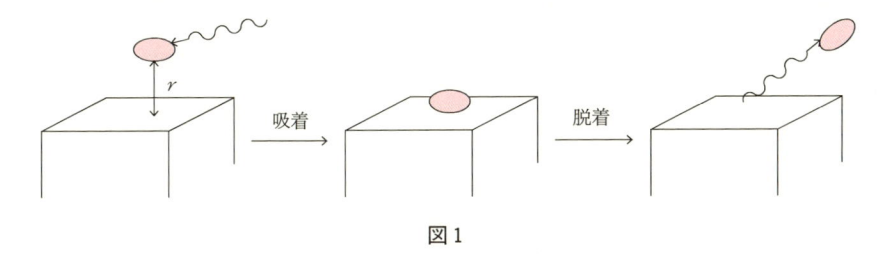

図 1

━━━━━ 吸着エネルギー ━━━━━

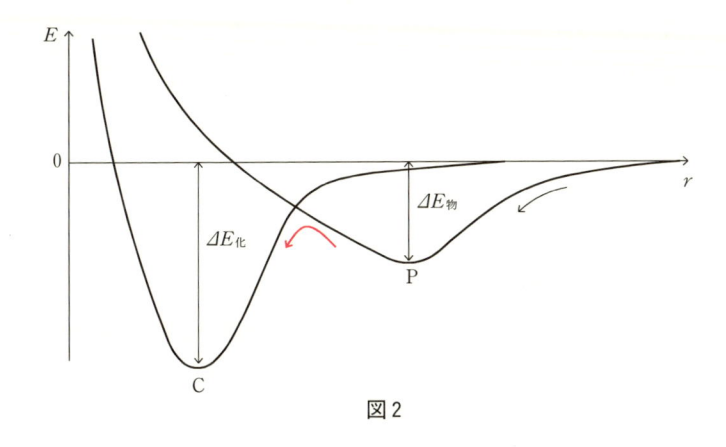

図 2

━━━━━ 吸着エンタルピー ━━━━━

物理吸着：表面と分子間の van der Waals 引力

CH$_4$	H$_2$	H$_2$O	N$_2$	
21	84	59	21	kJ/mol

化学吸着：表面と分子間の化学結合

	C$_2$H$_4$	H$_2$	CO	NH$_3$	
Fe	285	134	192	188	kJ/mol
Cr	427	188	—	—	
Ni	243			155	

2 吸着確率

吸着現象は反応1のように化学反応として取り扱うことができる。

(1) 吸着半減期

吸着,脱着の各速度定数はアレニウス型になることが知られているので,脱着の速度定数は式(1)となる。また,脱着過程に対して半減期を定義すれば,それは固体表面に吸着されている時間,すなわち,吸着状態の寿命を表わすことになる。

半減期は式(2)で示され,それは式(3)に変形される。ここで,脱着の活性化エネルギー E_d は,先の吸着エンタルピーに相当するものと考えればよい。また,τ_0 は式(4)となるが,これは頻度因子の逆数であり,吸着分子と固体表面結合の振動数に関係するものと解釈される。

物理吸着,化学吸着,それぞれに対する吸着半減期の計算例をあげた。また,物理吸着,化学吸着の τ_0 には粒子と表面間結合のうち,それぞれ弱い結合の振動数,強い結合の振動数を用いて計算している。

室温での物理吸着の寿命は非常に短く,ほとんど瞬時に弾き返される印象である。それに対して,いったん化学吸着に移行するとその状態は数十分も持続する。

(2) 表面被覆率

図9は固体表面の模式図である。吸着現象には,劇場の座席と似た考え方を用いる。固体表面には分子が吸着できる席が,あらかじめ用意されていると考える。これを吸着点という。単位面積当りの吸着点の数は,固体と吸着分子の関係によって決まる。一定面積の炭素表面でも水素に用意される吸着点と,ナフタレンに用意される吸着点が異なるだろうことは,分子の大きさを考えれば当然である。

用意された吸着点の総数 N のうち,実際に分子によって占められた割合を表面被覆率(fractional coverage)θ といい,式(5)で表わす。$\theta = 1$ は満員御礼に相当する。

吸着半減期

$$A(気体) + M(表面) \underset{k_d}{\overset{k_a}{\rightleftarrows}} AM(吸着状態) \qquad (反応1)$$

(k_a：吸着速度定数，k_d：脱着速度定数)

$$k_d = A e^{-E_d/RT} \cdot \qquad (1)$$

$$t_{1/2} = \frac{\ln 2}{k_d} \qquad (2)$$

$$= \tau_0 e^{E_d/RT} \qquad (3)$$

ただし，$\tau_0 = \dfrac{\ln 2}{A}$ \qquad (4)

		100 K	300 K	350 K
$t_{1/2}$	物理吸着	1 sec	10^{-8} sec	
	化学吸着		3×10^3 sec	1 sec

物理吸着：$E_d = 25$ kJ/mol, $\tau_0 \approx 10^{-12}$ sec
化学吸着：$E_d = 100$ kJ/mol, $\tau_0 \approx 10^{-14}$ sec

表面被覆率

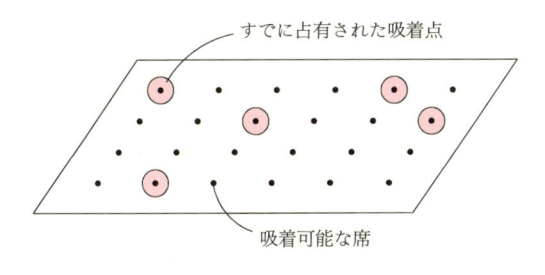

図3

$$\theta = \frac{占有された吸着点の数}{吸着点の総数} \qquad (5)$$

> ゴールデンウイークの新幹線の混み具合と同じことネ

3 吸着等温式

　一定面積の固体表面に吸着する分子の量は温度，圧力に関係する。吸着された分子の量と圧力の関係を表わした式を吸着等温式（adsorption isotherm）という。

（1）ラングミュアの吸着等温式

　吸着関係が反応1で表わされることを先に見た。吸着過程の速度，吸着速度は二次反応速度式にしたがって，式（6）で表わされる。これは結局，式（7）となる。なぜなら，P は気体の圧力なので気体の濃度を表わし，$N(1-\theta)$ は空席の吸着点を表わすからである。いわば固体表面の吸着点濃度を表わすわけである。

　同様の考えから，脱着速度は式（8）となる。

　吸着，脱着が恒常となり，平衡に達した時点では，吸着速度と脱着速度は等しいことになるから，式（9）が導かれる。式（9）を研究者の名前をとってラングミュア（Langmuir）の吸着等温式という。

（2）吸着等温式の意味

　吸着等温式はどのようなことを教えていのだろうか。

　この式の意味を考えて見よう。

　式（9）の逆数をとると式（10）となる。この式は表面被覆率の逆数と気体圧力の逆数が直線関係となり，その傾きが吸着の平衡定数に相当する定数 $1/K$ を与えることを示している。

　図4はその例である。シリカゲル表面への気体吸着に関するものである。縦軸は表面被覆率の代わりに吸着体積を用いている。下式を見れば，吸着体積が表面被覆率に比例することが納得できるものと思われる。

$$\frac{吸着体積}{最大吸着体積（定数）} = \frac{占有された吸着点の数}{吸着点総数（定数）}$$

吸着等温式

$$A(気体) + M(表面) \underset{k_d}{\overset{k_a}{\rightleftarrows}} AM \qquad (反応1)$$

吸着過程の速度

$$v_a = k_a(Aの濃度)(Mの濃度) \qquad (6)$$
$$= k_a P N(1-\theta) \qquad (7)$$

（P：Aの圧力，$N(1-\theta)$：空いている吸着点の数）

脱着過程の速度

$$v_d = k_d N \theta \qquad (8)$$

平衡状態では $v_a = v_d$ である。

$$\therefore \theta = \frac{KP}{1+KP} \quad (\text{Langmuirの吸着等温式}) \qquad (9)$$

ただし，$K = \dfrac{k_a}{k_d}$

逆数をとると

$$\frac{1}{\theta} = 1 + \frac{1}{KP} \qquad (10)$$

$\dfrac{1}{\theta}$ と $\dfrac{1}{P}$ が直線関係となり，傾きが $\dfrac{1}{K}$ を与える

表面被覆率と反力

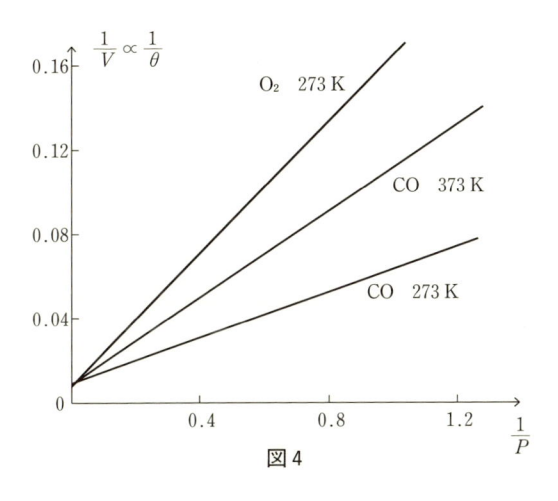

図4

4　固体触媒作用

　化学反応において触媒は欠かせないものである。固体触媒はどのようにして触媒作用を行うのかを見てみよう。

（1）触媒機構

　図5は金属結晶内原子の結合状態を表わしたものである。単純に立方格子で原子が詰まっているとしよう。結晶内部の原子Aは上下左右前後，計6個の原子と結合している。たまたま，結晶表面に位置した原子Bは5個の原子としか結合できず，その意味では手が1本余っている。まして，隅に位置した原子Cに至っては，3本もの手が相手を求めてブラブラしていることになる。

　この結晶に分子が近づいたらどういうことになるだろう。これが化学吸着の本質である。このように，化学吸着状態では，吸着分子と固体表面の間に化学結合が形成されている。

　ところで，この状態を吸着される分子の側から見たらどうであろう。吸着されたことによって，分子は固体と新たな結合を形成する。それでは，いままで分子を構成していた古い結合はどうなるのだろう。当然影響を受けないわけにはいかない。一般的には古い結合は改質されて弱くなる。この状態の分子を活性化状態の分子とよぶこともある。これが固体触媒作用の本質である。

（2）触媒と解離エネルギー

　若干の分子の解離エネルギーが，金属触媒の存在によって受ける影響を表に示した。半分から，ものによっては，3分の1に落ちていることがわかる。

　図6にパラジウム炭素触媒による，アルキンの接触還元反応の例をあげた。炭素はその単位重量当りの表面積が大きいことを利用されて，触媒パラジウムの担体になっている。パラジウムに水素分子が衝突し，化学吸着されると活性化水素が生じる。ここにアルキンが近づくと，この活性化水素がアルキンを攻撃することになる。したがって，水素分子の付加はアルキンの同一分子面からの付加に限られることになり，これが接触還元は cis-付加で進行することの理由となっている。

余っている手

結晶自身で
使われている手

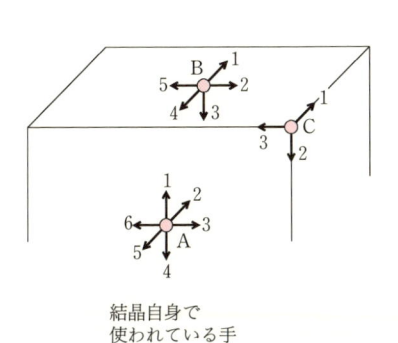

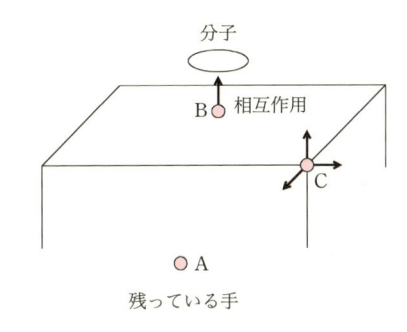

図 5

残っている手で分子と相互作用 ─→ 活性分子状態

活性化エネルギーの低下

	触媒	E_a(kJ/mol)
$2\,HI \longrightarrow H_2 + I_2$	／	184
	Au	105
	Pt	59
$2\,NH_3 \longrightarrow N_2 + 3\,H_2$	／	350
	W	162

触媒機構

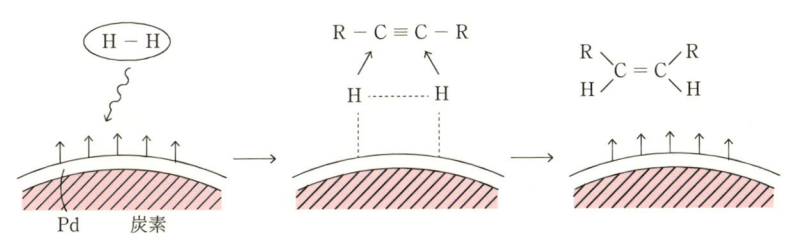

図 6

5 触媒反応速度

　固体触媒反応の反応速度には，2種類の解析が提出されている。これは触媒反応機構に2種類があることに対応するものである。実際の反応の速度がどちらの速度式にしたがうかによって，反応機構を明らかにすることができる。

（1） イーレイ-リディール (Eley-Rideal) 機構

　これは反応2に示したように，すでに吸着されて活性化された分子 A に，気体分子 B が衝突することによって，引き起こされる反応に関するものである。

　速度式は式(11)となる。吸着等温式(9)を代入整理すると式(12)となる。

　A，B の圧力の和を全圧 P とし，P によって反応速度がどのように影響されるかを表わしたのが図7である。圧力が大きいときには，分母の1は無視され，分母は圧力の1乗，分子は圧力の2乗となり，結局，全体では圧力の1乗に比例することになる。

　それに対して，圧力が小さいときには，分母の圧力項は無視される結果，分母は1となり，全体では圧力の2乗に比例することになる。

（2） ラングミュア-ヒンシェルウッド (Langmuir-Hinshelwood) 機構

　これは，反応3のように，共に吸着された分子の間で起こる反応機構である。吸着点の間に差のない場合を考えよう。すなわち，各吸着点に A 分子も B 分子も同じ資格で競争的に吸着できるわけである。

　この場合，A，B それぞれに対する表面被覆率は，吸着等温式によって式(13)，式(14)となる。表面被覆率はそのまま活性化分子の濃度となるから，二次反応速度式にしたがって，反応速度は式(15)で与えられることになる。

　前項と同じように全圧 P を定めて，その大きさと反応速度の関係を示したのが図8である。すなわち，この反応機構の下では，全圧が小さいうちは反応速度は圧力の2乗に比例するが，圧力が大きくなると，圧力には無関係となり一定となる。

触媒反応速度

A. イーレイ-リディール機構

$$A(吸) + B(気) \xrightarrow{k} P \quad (反応2)$$

吸着分子(A)に気体分子(B)が攻撃する

$$v = kP_B\theta_A \tag{11}$$

(P_B：Bの圧力，θ_A：Aの表面被覆率)

ラングミュアの吸着等温式を代入

$$v = \frac{kKP_AP_B}{1 + KP_A} \tag{12}$$

B. ラングミュア-ヒンシェルウッド機構

$$A(吸) + B(吸) \xrightarrow{k} P \quad (反応3)$$

両分子とも吸着されている

両分子とも同一の吸着点に競争的に吸着するなら

$$\theta_A = \frac{K_AP_A}{1 + K_AP_A + K_BP_B} \tag{13}$$

$$\theta_B = \frac{K_BP_B}{1 + K_AP_A + K_BP_B} \tag{14}$$

$$v = \frac{kK_AK_BP_AP_B}{(1 + K_AP_A + K_BP_B)^2} \tag{15}$$

圧力依存性

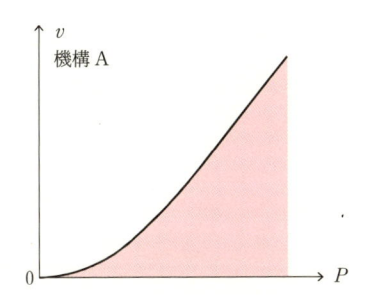

図7

全圧 $P = P_A + P_B$
$P \Rightarrow 大 \quad v \propto P$ (分母の1は無視)
$P \Rightarrow 小 \quad v \propto P^2$ ($KP_A \approx 0$，分母 ≈ 1)

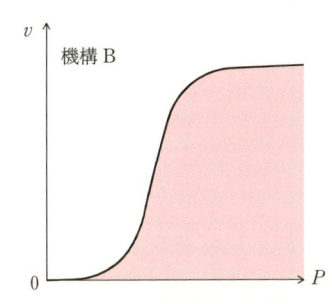

図8

全圧 $P = P_A + P_B$ ($P_A/P_B = $ 一定)
$P \Rightarrow 大 \quad v \propto P^0$ (圧力に無関係)
$P \Rightarrow 小 \quad v \propto P^2$

演習問題 1

木炭 4.0 g に吸着する CO の体積を測定して次の実験値を得た。定数 K と最大吸着体積 V_∞ を求めよ。

実験値

P/Torr	100	200	400	600
V/cm³	13.3	24.2	41.0	54.1

解 答

式 (9) より

$$KP\theta + \theta = KP$$

$\theta = \dfrac{V}{V_\infty}$（$V_\infty$：完全被覆状態の気体体積）を代入すると

$$\frac{P}{V} = \frac{P}{V_\infty} + \frac{1}{KV_\infty}$$

$\dfrac{P}{V}$ を P に対してプロットすると、傾きが $\dfrac{1}{V_\infty}$、切片が $\dfrac{1}{KV_\infty}$ を与える。

計算

P/Torr	100	200	400	600
P/V	7.5	8.3	9.8	11.1

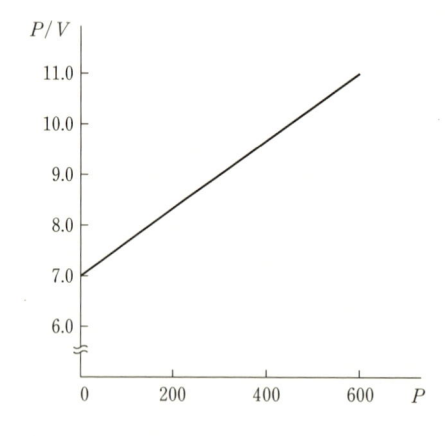

傾き $\dfrac{1}{V_\infty} = \dfrac{3.6}{500} = 0.0072$

∴ $V_\infty = 139 \text{ cm}^3$

切片 $= \dfrac{1}{KV_\infty} = 6.8$

$K = \dfrac{1}{139 \times 6.8} = 1.1 \times 10^{-3} \text{ Torr}^{-1}$

演習問題 2

H_2 の Fe への吸着エンタルピーは 124 kJ mol^{-1} であった。Fe 表面上の H_2 の寿命を室温と 100°C について求めよ。

解答

式(26)に適当な数値を入れて計算する。
化学吸着なので $\tau_0 = 10^{-14}$ sec を用いる。

$$t_{1/2}(25°C) = 1 \times 10^{-14} \times \exp(134 \times 10^3/8.31 \times 298)$$
$$= 3 \times 10^9 \text{ sec}$$
$$t_{1/2}(100°C) = 1 \times 10^{-14} \exp(134 \times 10^3/8.31 \times 373)$$
$$= 6 \times 10^4 \text{ sec}$$

参考

オレフィンの接触還元反応には次のような反応機構が提唱されている。すなわち，触媒金属（Pt，Pd など）表面に水素分子とオレフィンが共に吸着され，共に活性化された状態で，水素が二段階的に付加するのである。

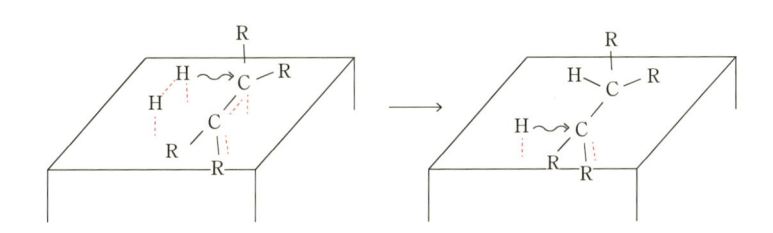

反応が実際にこのように進行するのか，それとも 189 頁のように進行するのかを検証するには，どのような実験を行えば良いのか，考えてみよう。

第IV部
解析の手法

反応速度は分子構造の微少な変化にも，敏感に対応する。そこで，分子構造の一部を系統的に変化させ，その反応速度への影響を検討することによって，反応機構を解析することができる。

　分子構造の一部変化は置換基を換えることによって行われることが多い。置換基効果とよばれるものである。また，水素原子を重水素原子に変えるような同位体変換によっても速度は影響を受ける。

　反応には例えば，^{14}C 原子核の崩壊のように非常に遅いものから，H^+ と OH^- の結合反応のように非常に速いものまで各種ある。そのため，反応速度を測定するための特別な手法を開発する必要が生じる。

　高速反応速度測定のために開発された実験例として緩和測定がある。緩和現象とは図1のようなものである。

　大学に入学したときのことを思いだしてみよう。高校時代とは大きく変わった。授業に出なくても誰も何ともいわない。試験に落ちようと，注意してくれる者もいない。第一，担任などという小うるさい先生がいない。かくして，自覚の遅い，変わり身の遅い，要するにグズな男は大学生活に慣れるのに手間取り，4年で卒業すべきところを6年7年かかってしまう。このように，急激な環境の変化について行けず，時代を懸命に追いかけている状態を緩和という。

　この緩和現象と反応速度の関係は，これから明らかになることである。

　ここ第Ⅳ部では，以上のようなことを詳細に検討して行く。

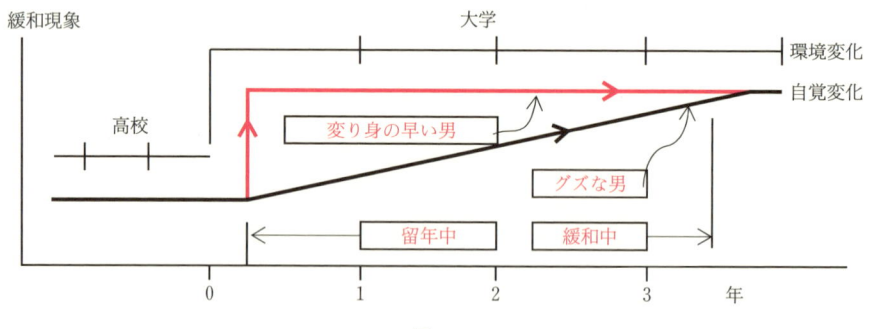

図1

第 13 章

置換基効果

　置換基はいろいろな面から反応速度に影響を与える。立体化学的なものを除いても，まず，電子求引，供与などの静電的特性に基づくものがある。次いで，分子軌道論的な軌道相互作用に基づくものがある。また，反応機構解明に欠かせないものとして，重原子効果も置換基効果の1種として考えてよかろう。

1 静電的効果

　置換基効果のうち，静電的なものを見てみよう。静電的効果と反応速度の関係を定量的に表わしたものにハメット則とよばれるものがある。置換基効果を通じて反応機構を解析する場合に便利な考えである。

（1）ハメット則
　ハメット則（Hammett rule）は置換基の静電的性質を定量化したものである。ハメット則の原理は次のようなものである。すなわち，反応1，2のように，反応を母体 R（H）と置換基を有するもの R（X）とで行う。それぞれの反応速度定数を k_H，k_X とすれば，式（1）が成立するというものである。σ はハメットの σ 値とよばれ，置換基に特有の定数である。それに対して比例定数 ρ（ロー）は ρ 値とよばれ反応に特有である。

　いくつかの置換基に対してハメットの σ 値をあげた。電子求引性のものは正，電子供給性のものは負の値となり，各々その絶対値が大きいほど，性質も強いと理解される。

（2）ハメット則と反応機構
　さて，反応1，2の反応を行い，その反応速度と σ 値との関係をグラフにとると図1のように直線関係になることがある。この場合，反応は置換基の静電的性質によって影響されていることが明らかとなる。そして，その傾きを表わす ρ 値の正負によって，電子吸引基が有利か電子供給基が有利かが明らかとなり，それにしたがって，反応機構が検討されることになる。

　もちろん直線関係にならないことはいくらでもあり，その場合，その反応はハメット則にしたがわなかったということになる。すなわち，少なくともその反応の律速段階は置換基の静電的特性には影響されないということを示す。

■ ハメット則

母体の反応 $\quad$ R(H) $\xrightarrow{k_\mathrm{H}}$ P(H) $\quad$ (反応1)

置換基 X をもつもの $\quad$ R(X) $\xrightarrow{k_\mathrm{X}}$ P(X) $\quad$ (反応2)

$$\log \frac{k_\mathrm{X}}{k_\mathrm{H}} = \rho\sigma \tag{1}$$

（σ：置換基定数（ハメットの σ 値）ρ：傾きの定数（ロー値））

電子求引基			電子供給基		
X	σ_p	σ_m	X	σ_p	σ_m
H	0	0	Ph	-0.01	0.06
Cl	0.27	0.37	CH_3	-0.17	-0.07
Br	0.23	0.39	OCH_3	-0.27	0.12
CO_2Me	0.45	0.37	$N(CH_3)_2$	-0.83	-0.21
CN	0.66	0.56			

■ ハメットの σ 値と反応速度

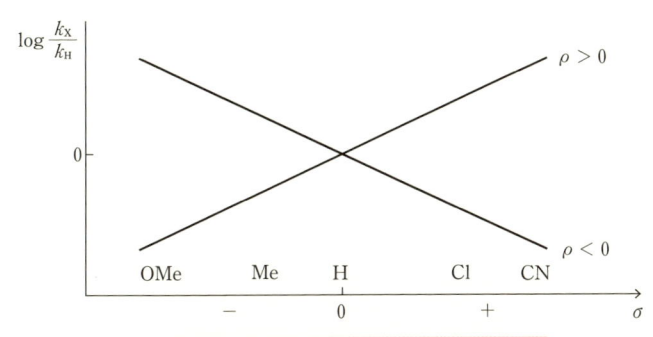

直線関係成立：ハメット則に従う反応
　$\rho > 0$：電子吸引基有利
　$\rho < 0$：電子供給基有利
直線関係不成立：ハメット則に従わない反応

図1

2　軌道相関効果

　分子は電子軌道を持ち，各軌道が特定のエネルギーと波動関数で表わされることは分子軌道法の教えるところである。摂動論では反応を軌道間の相互作用（軌道相関）で考える。ここでは反応速度が軌道相関によって説明される例を取りあげる。

（1）　軌道相関
　図2は同じ軌道，同じエネルギーを持つ軌道AとAとが軌道相関してA…Aとなり，それに対応したエネルギー順位が生じた例を表わす。元々のAの軌道エネルギーを α とすると新たに生じた2本の軌道は，1本は α より安定化され，他の1本は不安定化される。そしてその安定化，不安定化の程度は等しく β である。
　この相関によって生じた状態A…Aが安定化されるかどうかは電子配置によって決定される。

（2）　軌道相間と安定化効果
　図3に3つの場合について示した。ケースaは電子が2個入った軌道と，電子の入らない空軌道が軌道相関した場合である。2個の電子は $\alpha + \beta$ の低エネルギー軌道に入るから，系は相関によって 2β だけ安定化したことになる。これに対し，ケースcでは4個の電子が入ることになり，$\alpha + \beta$ の軌道で安定化した分が $\alpha - \beta$ 軌道で帳消しになったことになる。
　系が安定化するためにはケースa，ケースbのように空軌道，もしくは1個の電子のみを持つ軌道が軌道相関することが必要である。
　図4はエネルギーの異なる軌道AとBとの間の相関を示す。新たに生じた2本の軌道は，1本はAよりさらに高エネルギーであり，もう1本はBよりさらに低エネルギーであるが，先と同様，その程度は同じく共に β である。ここで大切なことは，この β の大きさがAとBのエネルギー差 ΔE に反比例的に関係していることである。すなわち，同じエネルギーの軌道間の軌道相関が最も有効だということをこの関係は示している。

軌道相関

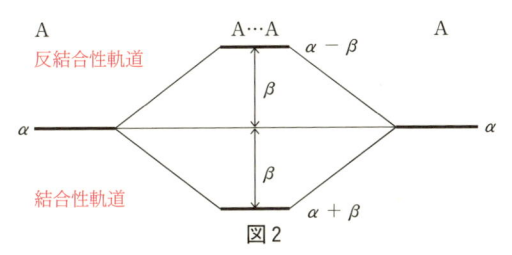

図2

$\alpha - \beta$ 反結合性軌道
$\alpha + \beta$ 結合性軌道

電子配置と安定化効果

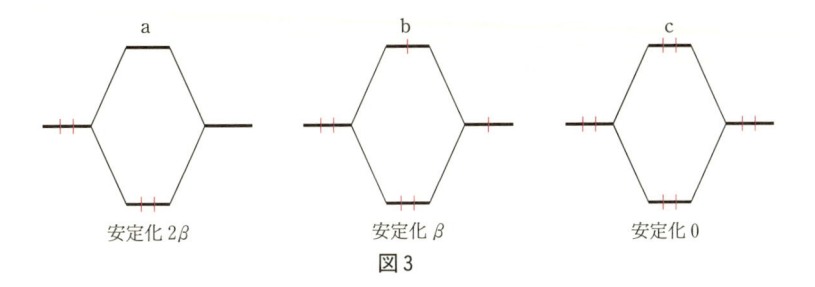

a 安定化 2β
b 安定化 β
c 安定化 0

図3

エネルギーの異る軌道の相関

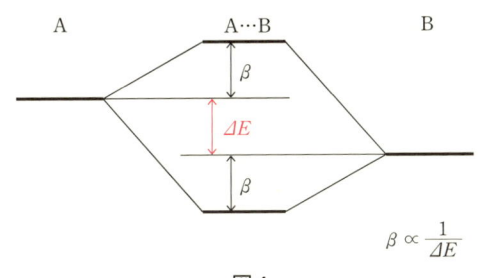

図4

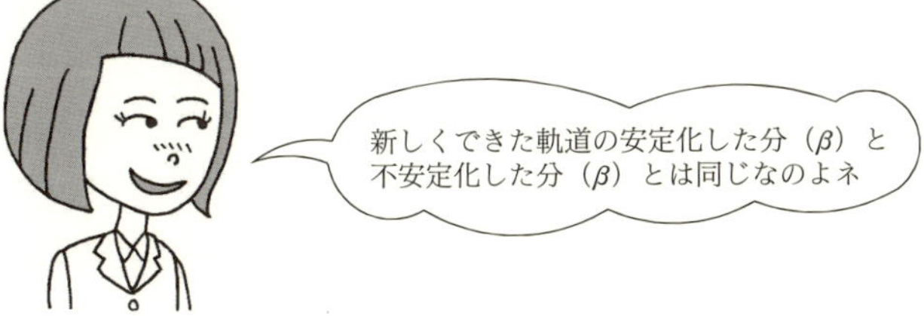

$$\beta \propto \frac{1}{\Delta E}$$

新しくできた軌道の安定化した分（β）と不安定化した分（β）とは同じなのよネ

3　分子間軌道相関

反応 3 は環状付加反応の例である．ブタジエンとエチレンが遷移状態を経由して協奏的に反応し，シクロヘキセンを与えるものである．この反応の遷移状態の安定性はブタジエンとエチレンの軌道相関によって決定される．

（1）　可能な軌道相間

図 5 は軌道相関の可能性を示したものである．2 通りの可能性がある．ブタジエンの HOMO とエチレンの LUMO 間の軌道相関の a 型，ブタジエンの LUMO とエチレンの HOMO 間の b 型である．どちらの軌道相関が遷移状態の安定性を決定するかは，軌道相関している軌道間のエネルギー差による．エネルギー差の小さい場合に相関が強くなり，遷移状態は強く安定化される．

反応 4 は反応 3 に置換基を導入したものである．ブタジエンには電子供給基 X をつけ，エチレンには電子吸引基であるカルボニル基を 2 個つけてある．

（2）　置換基効果

図 6 は軌道のエネルギーが置換基導入によって，どのように影響されるかを示している．一般に，電子供給基は LUMO に作用し，系のエネルギーを上げる．一方，電子吸引基は HOMO に作用して系のエネルギーを下げる．

すなわち，ブタジエンの軌道はエネルギー上昇し，エチレンは低下する．その結果，ブタジエン HOMO とエチレン LUMO 間のエネルギー差が小さくなる．すなわち，この反応では図 5 の a 型軌道相関が反応を支配することになる．

a 型軌道相関をさらに強めるには，ブタジエン置換基の電子供給能を強めればよい．

図 7 上段は各種置換ブタジエンとその相対反応速度を表わす．良い相関が認められる．図 7 下段でも同じ相関が認められるが，上段に比べると相関性が弱い．これは置換位置の違いで説明される．電子供給基はブタジエンの LUMO に作用する．図 5 でブタジエンの LUMO の関数を見ると C_1 位で大きく C_2 位で小さい．すなわち，置換基効果は波動関数の係数の大きい原子に導入された方が効果も大きいのである．

分子間軌道相関

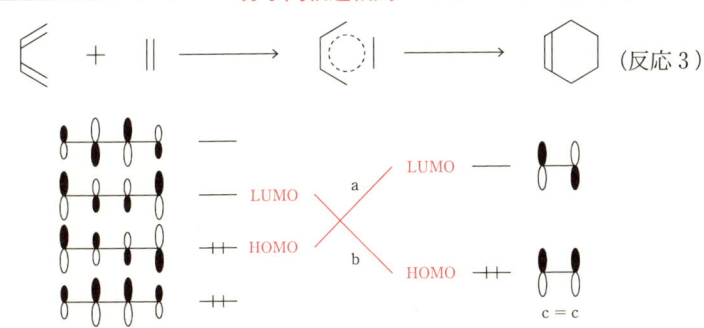

(反応3)

図5

置換基効果

(反応4)

図6

H 1	Me (3,2,4,1) 175	Ph 652	OMe 86,100
H 1	Me (3,2,4,1) 74	Ph 323	OMe 2960

図7

4 同位体効果

　分子を構成する原子の何個かを同位体で置換すれば，反応性と反応速度も変化する。同位体は，質量のみが異なり，反応性は同一の原子種である。したがって，同位体置換は分子の性質のうち，おもに質量に関するもの，すなわち振動エネルギーに影響することになる。

（1）　結合の振動構造

　図8は結合A-Bの振動エネルギー準位を示したものである。結合は，モースの結合ポテンシャル曲線にしたがって伸縮振動する。この曲線は，図に点線で示した式（2）の二次関数による放物線で近似されることが多い。

　ここで，係数 f は力の定数とよばれる定数であり，結合の強さを反映する。強い結合は f が大きく，弱い結合は f が小さい。f が変化すると放物線の曲率，すなわち振動距離が変化する。

（2）　ゼロ点エネルギー

　振動エネルギーは式（3）のように量子数 v_n で量子化されている。ここで ν は振動数であり，力の定数 f と同位体質量（質量数）m を使って式（4）で表わされる。結合A-Bの振動エネルギーは，各 v_n 準位間にボルツマン分布するが，最も存在確率の高い準位は，ゼロ点エネルギーとよばれる v_0 準位である。

コラム　同位体分離

　原子炉の燃料にはウランの同位体である ^{235}U を用いる。しかし天然ウランに占める ^{235}U は0.7％に過ぎず，99.3％は ^{238}U である。このような ^{235}U の含有度を高める操作をウラン濃縮という。

　同位体の化学的性質に違いはないから，濃縮に用いることのできる違いは質量の違いに基づく運動能力の差だけである。拡散速度は同位体間で明らかな差があるが，実際にはウランを六フッ化ウラン UF_6 の気体とし，遠心分離で分離する。重い $^{238}UF_6$ は外周部に飛ばされ，中心部には軽い $^{235}UF_6$ が残る。この中心部を集めてさらに遠心分離を重ねることによって分離するのである。

振動のエネルギー準位

$$V = \frac{1}{2}f(r - \text{Re})^2 \qquad (2)$$

$$E_v = \left(v + \frac{1}{2}\right)h\nu \qquad (3)$$

$$\nu = \frac{1}{2\pi}\sqrt{\frac{f}{m}} \qquad (4)$$

(v：振動量子数，f：力定数：結合強度支配)

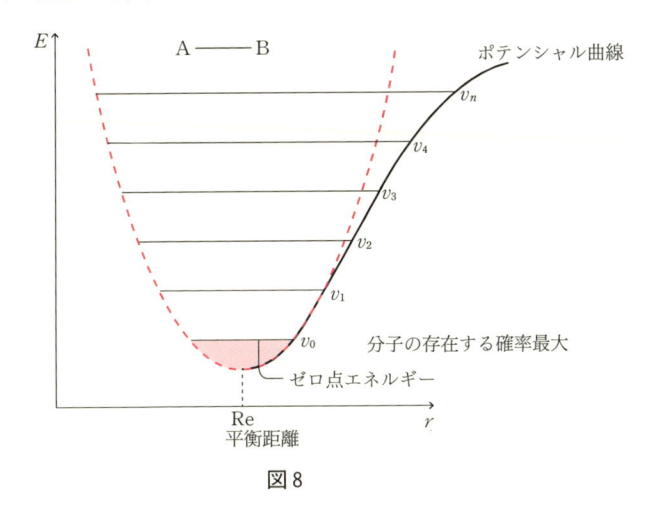

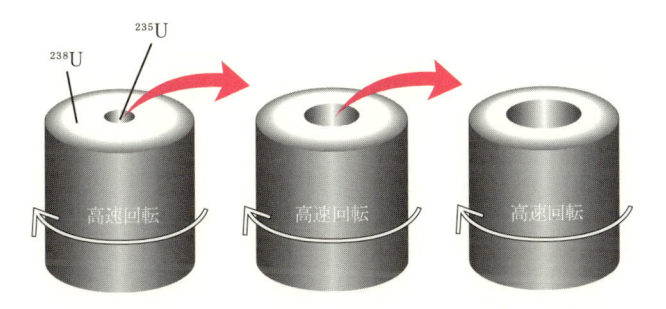

図 8

5　ゼロ点エネルギーの変化

　ゼロ点エネルギーは，同位体効果を考える場合のキーポイントである。ゼロ点エネルギーが同位体置換によってどのような影響を受けるかを見てみよう。ゼロ点エネルギーは，式(3)で $v=0$ とおき，結局式(5)で表わされる。すなわち，力の定数 f のルートに比例し，同位体の質量 m のルートに反比例するのである。

（1）f が異なる場合
　f が異なるとポテンシャル曲線の曲率が異なる。図9の2つの図はそれぞれ大小の f に相当するものである。すなわち，原子を水素原子に揃えて $m=1$ とすれば，各々のゼロ点エネルギーは f の大小に応じてそれぞれ図9に示した通りになる。
　f が大きい場合，すなわち，結合が強い場合にゼロ点エネルギーが高くなることがわかる。

（2）m が異なる場合
　力の定数 f が等しい場合に原子を水素（$m=1$）から，重水素（$m=2$）に変えたらどうなるかを見よう。式(5)に $m=1$ と 2 を代入すれば，各々のゼロ点エネルギーは図10となる。
　すなわち，重い同位体の分子のゼロ点エネルギーは低いことになる。

（3）f, m 共に異なる場合
　図11は f, m 共に異なった場合のゼロ点エネルギーを表わす。水素原子を重水素置換した場合のゼロ点エネルギーの変化を f の大小にしたがって見てみよう。重水素置換によるエネルギー変化は式(6)で表わされる。
　すなわち，重水素置換によるゼロ点エネルギー変化の値は f の大きい場合に大きいことがわかる。

ゼロ点エネルギーの変化

$$E_0 = \frac{1}{2}h\nu = c\sqrt{\frac{f}{m}} \tag{5}$$

(1) f が異なる場合（f：ポテンシャル曲線の曲率支配）

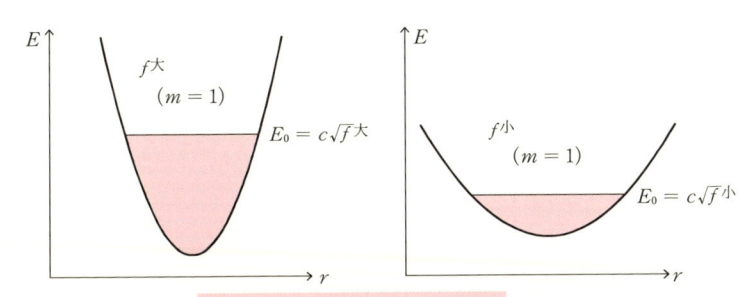

強い結合のゼロ点エネルギーは高い

図 9

(2) m が異なる場合

重い同位体分子のエネルギーは低い

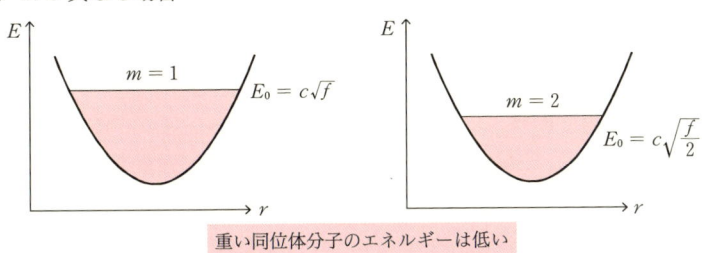

図 10

(3) f, m 共に異なる場合

$$\Delta E_0 = c\sqrt{f}\left(\frac{1}{\sqrt{1}} - \frac{1}{\sqrt{2}}\right) = c'\sqrt{f} \tag{6}$$

強い結合のエネルギー差は大きい

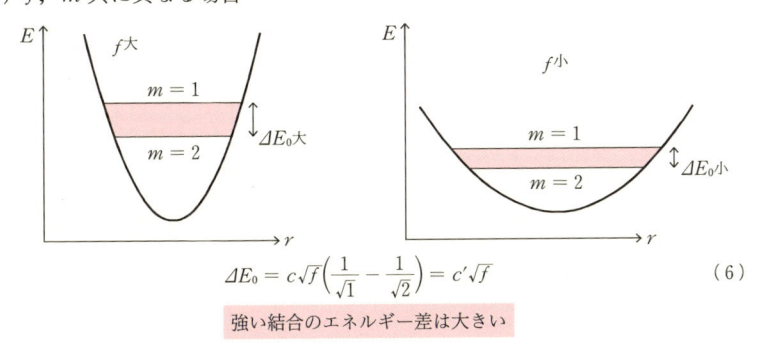

図 11

6 同位体効果の実例

ゼロ点エネルギー変化が反応速度にどのように影響するかを見てみよう。

（1） 平衡同位体効果

反応 5 の平衡を考えよう。この平衡はどちらに偏るであろうか。HCl と HBr は IR の吸収振動数（図 12）から HCl のほうが強い。すなわち，f が大きいことがわかる。

図 12 の左図と右図は，それぞれ，反応 5 の左辺と右辺に対応させてある。各々の振動エネルギーの和は，E_T として図に示してある。明らかに左辺の方がエネルギーが低く安定である。したがって，平衡は左に優位になるべきことが推定される。実測は平衡定数 $K = 0.78$ でやはり左が優位である。

このことは，「重い同位体（D）は強い結合（HCl，結局，DCl となる）に集まる」という言葉に一般化される。

（2） 速度同位体効果

軽水素を含む AH と重水素置換した AD とで，反応速度がどのように変化するか考えて見よう（反応 6 と反応 7 で，遷移状態を各々 T_H，T_D とする）。

反応のエネルギー関係を図 13 に示した。出発物 A，遷移状態 T のエネルギー順位線の上にある放物線は振動のポテンシャル曲線である。出発物は安定分子である。したがって，結合は強固であり，力の定数 f は大きい。一方，遷移状態は当然，結合は緩んでおり，したがって，f も小さい。出発物，遷移状態各々の振動ポテンシャル曲線上に，軽水素原子，重水素原子に対応するゼロ点エネルギー順位を示した。

軽水素の場合の活性化エネルギー E_a^H，重水素置換した場合の活性化エネルギー E_a^D は図からあきらかである。活性化エネルギーは重水素置換体で大きい，すなわち，重い同位体の反応は遅いのである。重い同位体で反応速度が遅くなるとき，それを正の同位体効果といい，反対のときを負の同位体効果とよぶ。若干の同位体でその最大速度比を計算した。H/D の 6.69 は大きい速度比である。$^{35}Cl/^{37}Cl$ の 1.012 を検出するにはかなり精密な実験を要しよう。

平衡同位体効果

$$DCl + HBr \rightleftharpoons HCl + DBr \quad (反応5)$$

$$\tilde{\nu}_{HCl} = 2990 \text{ cm}^{-1} > \tilde{\nu}_{HBr} = 2649 \text{ cm}^{-1}$$

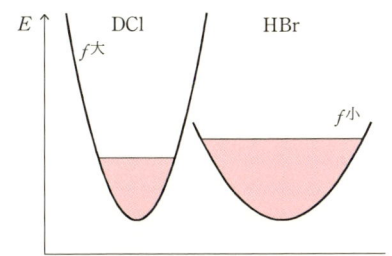

$E_T = c\left(\sqrt{\dfrac{f大}{2}} + \sqrt{f小}\right)$
（低エネルギー）

$E_T = c\left(\sqrt{f大} + \sqrt{\dfrac{f小}{2}}\right)$
（高エネルギー）

重い同位体は強い結合に集まる

図12

$$A_H \longrightarrow T_H \longrightarrow P_H(k) \quad (反応6)$$
$$A_D \longrightarrow T_D \longrightarrow P_D(k') \quad (反応7)$$

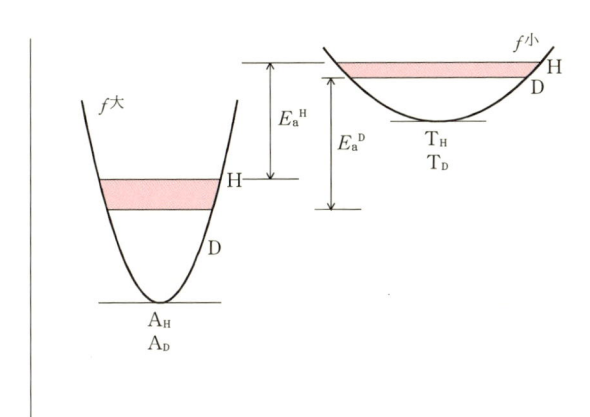

図13

		k/k'
C－H	C－D	6.69
C－^{12}C	C－^{13}C	1.055
C－^{35}Cl	C－^{37}Cl	1.012

演習問題 1

下式の反応のハメットプロットは下図のように山形のグラフを与える。その理由を説明せよ。

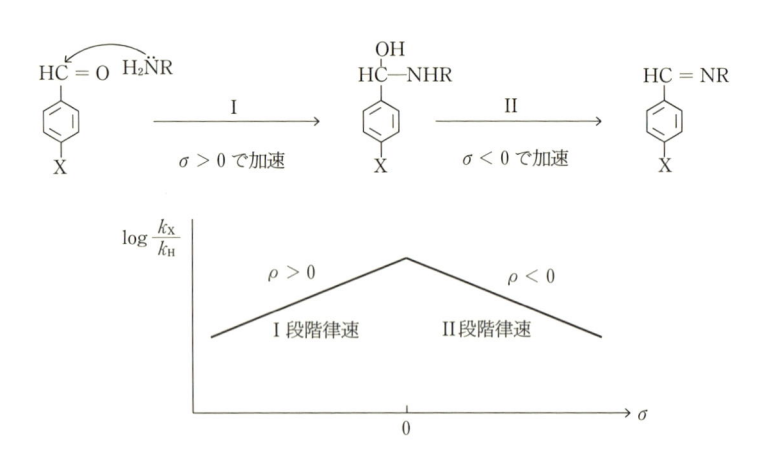

$$HC=O \;\; H_2\ddot{N}R \xrightarrow[\sigma>0\text{で加速}]{\text{I}} \underset{X}{HC(OH)-NHR} \xrightarrow[\sigma<0\text{で加速}]{\text{II}} HC=NR$$

(芳香環に置換基X)

$\log \dfrac{k_X}{k_H}$ 対 σ のグラフ:
- 左側: $\rho>0$, I 段階律速
- 右側: $\rho<0$, II 段階律速

解 答

問題の反応は 2 段階で進む反応である。第 1 段階はアミノ基の求核反応であり、置換基 X が電子吸引性の場合に有利となる。第 2 段階は水酸基脱離で始まる脱水過程であり、X が電子供給性の場合に有利となる。すなわち、X が電子供給性 ($\sigma<0$) では第 1 段階が不利となる。

これは第 1 段階が律速段階となる事を意味し、置換基の電子供給性が弱くなれば反応は加速 ($\rho>0$) される。上図の左半分はこのことを示している。

これに対し、X が電子吸引性 ($\sigma>0$) となると、第 2 段が不利となって律速段階となり、電子吸引性が強まるほど反応は遅くなる ($\rho<0$)。

このためハメットプロットが途中で折れて山形になるのである。

演習問題 2

下式の2つの置換反応の速度は大きく異なる。この理由を軌道相間の立場から説明せよ。

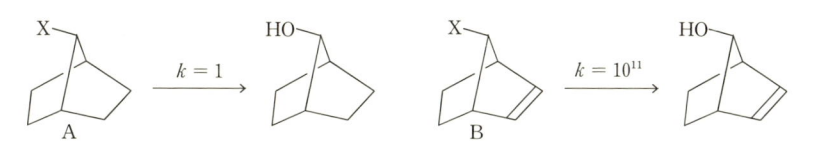

解 答

下図は化合物Bの中間体カチオンの構造と，その軌道エネルギーを示した相関図である。図は左に7位のカチオン炭素のp軌道部分とそのエネルギー（α）を表示し，右にシクロヘキセン部分のπ軌道とエネルギーを表示してある。中間体カチオンの軌道エネルギーは，この両者の軌道相関によって表わされる。

対称（S）の対称性を持つ7位炭素と軌道相関を許されるのは同じSの対称性を持つシクロヘキセンの結合性π軌道である。その結果，両者は元の軌道からΔEだけ安定化したψ_1と，ΔEだけ不安定化したψ_2軌道に分裂する。2個のπ電子はエネルギーの低いψ_1軌道に入る。

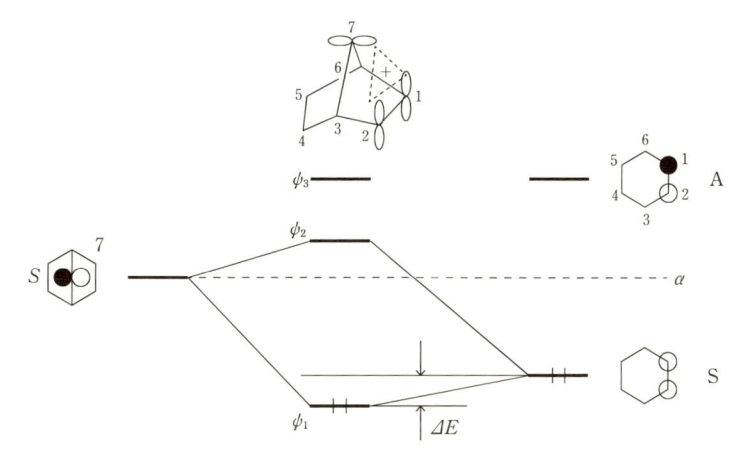

この軌道相関のおかげで系のエネルギーは，$2\Delta E$だけ安定化したことになる。これに対して，化合物Aは二重結合を持たないため，このような安定化はない。この差が反応速度の違いとなって現われてきたわけである。

第 14 章

実　　験

　反応速度は反応ごとに異なる。各反応に固有の反応速度を知るためには思考による解析では不可能である。速度測定の実験が不可欠である。特殊な反応速度を測定するため，特別に開発された実験や実験装置がいくつか知られている。代表的なものを見てみよう。

1 緩 和 法

 反応には爆発反応に代表されるように急速に進行する反応がある。非常に速い反応の反応速度は，普通の実験法では測定できない。そのような迅速反応のために開発された手法が，この緩和（かんわ）法である。

（1） 原　　理
 緩和（relaxation）とは次のような現象を指す。すなわち，ある反応系がある実験条件下で平衡状態に達していたとする。もし，この実験条件を変化させれば，系は実験条件に応じて変化する。そして，この新しい実験条件に即して新しい平衡状態に達して恒常状態となるだろう。

 しかし，もし実験条件を突然に大きく変化させたらどうなるだろう。図1の場合である。平衡定数 K' で平衡に達していた原平衡系は，新しい条件下では，新しい平衡定数 K の下で平衡に達しなければならない。しかし，条件変化があまりに急激で速い場合，系はこの条件変化に追いついて行けないことがある。この場合，系は"仕方なく"ゆっくりと条件変化を追いかけることになる。

（2） 緩　和　系
 この急激な条件変化を反応系がゆっくりと追いかけている状態のことを緩和系といい，追いかけている時間を緩和時間という。

 なお，緩和系を支配する平衡条件は新しい系のものである。反応1の平衡系を考えよう。速度定数および平衡定数を式（1）の通り，K_a'，K_b'，K とし，平衡濃度をそれぞれ $[A]_e'$，$[B]_e'$ とする。そうすると緩和前の原系では，式（2）の平衡が成立している。

原　　理

緩和：実験条件（温度，圧力など）が突然変化し，平衡条件（平衡定数，平衡濃度など）が変化したのに，反応系がその変化に追いつけず，徐々に新平衡状態へ移ること。

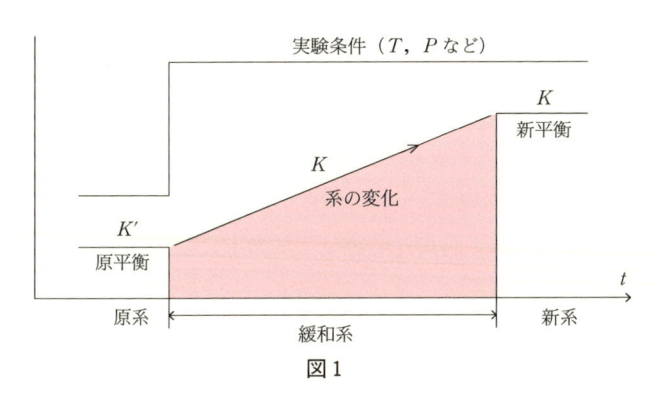

図1

平衡条件

$$A \underset{k_b'}{\overset{k_a'}{\rightleftarrows}} B \qquad \text{（反応1）}$$

$$K' = \frac{k_a'}{k_b'} \qquad (1)$$

系の温度（実験条件）を T' から T に急激に変化させる。平衡条件は新温度 T に合うように変化する。

（緩和途中の緩和系は新系の平衡定数にしたがう）

原 系	緩和系	新 系
k_a', k_b', K'	k_a, k_b, K	k_a, k_b, K
$[A]_e'$, $[B]_e'$	$[A]$, $[B]$	$[A]_e$, $[B]_e$

原系平衡　　　　　　　　$k_a'[A]_e' = k_b'[B]_e'$ 　　　　　　　　(2)

新系での期待される平衡　$k_a[A]_e = k_b[B]_e$ 　　　　　　　　(3)

2 緩和時間

前節で見た平衡系の温度を T から T' に急激に変化させたとしてみよう。この T' における速度定数，平衡定数を k_a, k_b, K，平衡濃度を $[A]_e$, $[B]_e$ とすると式(3)の平衡が成立するはずである。

(1) 緩和系の速度

緩和系はどうなるだろう。まず，定数は新系の k_a, k_b, K となる。そして系の濃度は，新系の平衡濃度，$[A]_e$, $[B]_e$ に向かって，時間と共に徐々に変化してゆくことになり，系は緩和状態に入ることになる。

いま，図2に示したように，新系平衡濃度 $[A]_e$ と緩和系濃度 $[A]$ とのズレを x とする。すると緩和系の各濃度は式(4)で与えられることになる。

ここで緩和系での速度式を組み立てると式(5)となるが，これに式(4)の関係を代入し，整理すると式(6)となる。この右辺第2項は式(3)と同じだから，結局，式(7)が成立する。x の定義によって，緩和系の濃度 $[A]$ の変化量は x の変化量に等しいから，式(7)は式(8)と書き換えることができる。先に4章7節で行ったように，式(8)の x と dt とを入れ換えて積分式に直すと式(9)となる。積分を行った結果が式(10)である。以上の結果から，変化量 x は式(11)で求められることになるが，一般にこれを式(12)で表現する。

(2) 緩和時間

τ は緩和時間とよばれるもので，式(13)で表わされる中身を持つ。具体的には，実験条件変化の τ 時間後に，ズレ x は最初のズレ x_0 の $1/e$ になることを表わす。緩和時間は，新しい平衡条件の下で，古い平衡状態が持続できる平均時間を表わすものである。いわば古い平衡状態の寿命と考えることができよう。

緩和時間 τ を測定すれば，速度定数の和 k_a+k_b を求めることができる。また，新しい系の平衡定数 K を測定すれば，速度定数の比 k_a/k_b を求めることができる。したがって，この両者から，速度定数 k_a, k_b を求めることができることになる。これが緩和法と呼ばれる手法である。

緩 和 系

図2

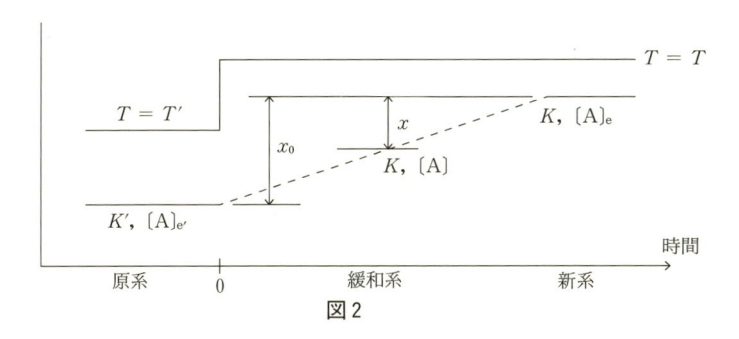

解 析

緩和系濃度 $[A]$ と新平衡濃度 $[A]_e$ とのズレを x とする。

$$[A] = [A]_e + x \qquad [B] = [B]_e - x \tag{4}$$

緩和系での速度式

$$\frac{d[A]}{dt} = -k_a[A] + k_b[B] \tag{5}$$

$$= -(k_a + k_b)x + (-k_a[A]_e + k_b[B]_e) \tag{6}$$

$$= -(k_a + k_b)x \tag{7}$$

$[A]$ の変化は，すなわち x の変化に等しいから

$$\frac{dx}{dt} = -(k_a + k_b)x \tag{8}$$

$$\int_{x_0}^{x} \frac{dx}{x} = \int_{0}^{t} -(k_a + k_b)dt \tag{9}$$

$$\ln \frac{x}{x_0} = -(k_a + k_b)t \tag{10}$$

$$\therefore \quad x = x_0 \exp\{-t(k_a + k_b)\} \tag{11}$$

$$= x_0 \exp(-t/\tau) \tag{12}$$

$$\tau = \frac{1}{k_a + k_b} : 緩和時間 \tag{13}$$

τ 時間後にズレ x は最初のズレ x_0 の $1/e$ になる。τ の測定より，$k_a + k_b$ が求まり，新系の平衡定数 K より k_a/k_b が求まる。

3 緩和時間の実験例

実際の実験例として水の解離反応の速度定数を求めてみよう。

(1) 水の解離反応

反応 2 の平衡は 298 K で緩和時間は 37 μs と測定された。速度定数 k_1, k_2 を求めようというものである。

新しい温度条件下での新平衡は，式(14)で表わされる。緩和系濃度と新平衡濃度とのズレを x とすると，各成分濃度は式(15)となる。

緩和系での速度式を組むと式(16)となるが，ここに，式(15)の関係を代入すると式(17)となる。この式に，式(14)の平衡関係を代入すると，式(18)のように簡単化される。ここで，ズレ x は小さい量であるので，x の2乗の項は無視できる。残りを x でくくると式(19)となる。この式を先ほどの式(8)と比べると，中かっこの中が速度定数に相当することがわかる。

(2) 解離定数の決定

以上から，緩和時間の逆数を求めると式(20)となり，k_2 でくくると式(21)となる。この式中のかっこの中は，いずれも見慣れたものである。第1項は水の解離平衡定数であり，第2，3項は水のイオン積の平行根である。したがって式(22)となる。

解離定数は式(23)であり，これより，正逆の速度定数の比が求められる。式(22)に対応する数値を代入すると式(24)となり，ここに，緩和時間の 37 μs を入れると k_2 が求められる（式(26)）。

最後に，式(23)に k_2 の値を代入すると，k_1 が求められる（式(27)）。

この実験例は，緩和法の華々しい成功例の1つである。

水の解離反応

$$H_2O \underset{k_2}{\overset{k_1}{\rightleftharpoons}} H^+ + OH^- \qquad (反応2)$$

298 K で $\tau = 37\ \mu s (37 \times 10^{-6}\ \text{sec})$ である。k_1, k_2 を求めよ。

新平衡 $k_1[H_2O]_e = k_2[H^+]_e[OH^-]_e$ \hfill (14)

新平衡濃度からのズレを x とする。

$[H_2O] = x + [H_2O]_e$

$[H^+] = -x + [H^+]_e$

$[OH^-] = -x + [OH^-]_e$ \hfill (15)

$$\frac{d[H_2O]}{dt} = -k_1[H_2O] + k_2[H^+][OH^-] \qquad (16)$$

$$= -k_1 x - k_1[H_2O]_e + k_2 x^2 - k_2 x([H^+]_e + [OH^-]_e)$$
$$+ k_2[H^+]_e[OH^-]_e \qquad (17)$$

$$= -k_1 x - k_2 x([H^+]_e + [OH^-]_e) + k_2 x^2 \qquad (18)$$

$$\fallingdotseq -\{k_1 + k_2([H^+]_e + [OH^-]_e)\}x \qquad (19)$$

解離定数の決定

$$\therefore\ \frac{1}{\tau} = k_1 + k_2([H^+]_e + [OH^-]_e) \qquad (20)$$

$$= k_2\left\{\frac{k_1}{k_2} + [H^+]_e + [OH^-]_e\right\} \qquad (21)$$

$$= k_2(K + \sqrt{K_w} + \sqrt{K_w}) \qquad (22)$$

$$K = \frac{k_1}{k_2} = \frac{[H^+][OH^-]}{[H_2O]} = \frac{K_w}{[H_2O]} = \frac{1.0 \times 10^{-14}}{1000/18} = 1.8 \times 10^{-16} \qquad (23)$$

$$\frac{1}{\tau} = k_2(1.8 \times 10^{-16} + 1 \times 10^{-7} + 1 \times 10^{-7}) \qquad (24)$$

$$= 2 \times 10^{-7}\ k_2 (\text{mol}/l) \qquad (25)$$

$$\therefore\ k_2 = \frac{1}{37 \times 10^{-6}} \times \frac{1}{2 \times 10^{-7}} = 1.4 \times 10^{11}\ l/\text{mol s} \qquad (26)$$

$$\therefore\ k_1 = 1.4 \times 10^{11} \times 1.8 \times 10^{-16} = 2.5 \times 10^{-5}/\text{s} \qquad (27)$$

4 動的NMR

　核磁気共鳴装置（NMR）は分子構造，特に有機化合物の分子構造決定に欠かせないものである。しかし，NMRの真の能力はその多様性にあるといえる。ここでは，動的NMRとよばれる反応速度に関係したNMR機能を紹介する。

（1）原　　理
　NMRスペクトルの扱うエネルギーは，非常に小さく，振動数で $1\times10^8\,\mathrm{Hz}$ 程度である。したがって，これより速い周期で動く変化には追随できない。
　これは，蛍光灯の下で手を動かすのに似ている。手は連続して見えず，断続的に見える。これは蛍光灯が 50(60) Hz で断続的に点灯しているからである。図3にこの関係を示した。A，B間を動く棒がある。この棒が地点A，Bに十分な時間留まり，一方，その間の移動は短時間内に行われたとすれば，棒の肉眼に見える状態は左図となる。また，棒がA，B間に留まることなく高速で動き回れば，見える状態は右図のようになる。左図ではA，Bで棒が識別され，右図では識別されない。この両状態をNMRスペクトルの吸収パターンでいうと，それぞれ対応する下図になる。すなわち，変化速度が遅い場合にはA，Bそれぞれに相当する2本のピークが観察されるが，速くなると両者は識別できなくなり，その中間に1本のピークが融合して現われるのである。

（2）水素原子の振動
　図4のように水素原子が振動する反応を考えて見よう。図のA，B状態では水素の化学的環境は異なるから，各状態での化学シフトは異なる。各々を ν_A，ν_B とする。そして，それぞれの状態の寿命（緩和時間）を τ とする。
　図5は図4の分子のNMRスペクトルである。スペクトルはコンピューターでシミュレートできる。寿命 τ を変化させてシミュレートしたものを示した。
　寿命が長いときには各状態に対応した2本のピークとなっているが，寿命が短くなると2本のピークは近づいて形が崩れ，ついには1本になってしまう。
　τ は速度定数の関数であり（式(13)），温度によって変化するから，図5は温度変化に対応したNMR変化である。

速度と識別

動体の位置を識別するには移動速度が速すぎないことが必要。

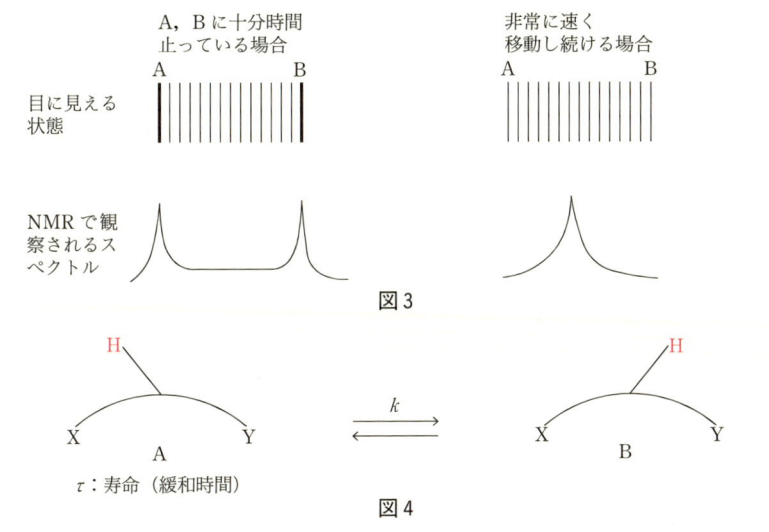

	A, Bに十分時間止っている場合	非常に速く移動し続ける場合

目に見える状態

NMRで観察されるスペクトル

図3

X—A—Y にH結合 ⇌ X—B—Y にH結合　k

τ：寿命（緩和時間）

図4

NMRスペクトル

τを変化させてNMRスペクトルを計算作画（シミュレート）する。

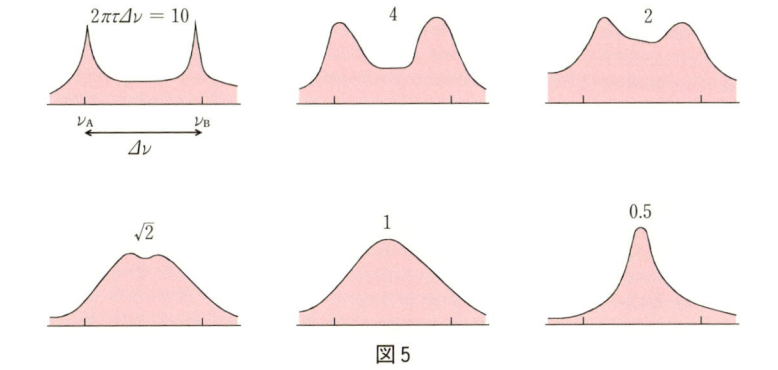

$2\pi\tau\Delta\nu = 10$　　4　　2

ν_A　ν_B　$\Delta\nu$

$\sqrt{2}$　　1　　0.5

図5

5　動的NMRの実験例

実際の実験例を見てみよう。

（1）互変異性

反応3は N,N-ジメチルニトロソアミンの N–N 結合回転に基づく互変異性現象である。この活性化エネルギーを求めよう。

アレニウスの式は8章3節，式（5）で与えられる。先の式(13)で $k_a = k_b = k$ と置くと，速度定数 k は式(28)となる。これを8章3節，式（5）へ代入し，先ほどの図5と対応させるため，若干の操作を加えると式(29)となる。

表題アミンを各種温度下でNMR測定し，そのスペクトルを求めたものが図6である。この図と前節のシミュレーション図5とを比較して，各温度に対応する $(2\pi\Delta\nu\tau)$ 値を決定する。実際には図5をもっとたくさんの τ 値に対して作図しておき，実測のNMRスペクトル（図6）を，どれかの τ 値の図に完全に一致させるのである。

（2）アレニウスプロット

あとは，式(29)にしたがって，アレニウスプロットをとって図7を作図するだけである。8章の常法にしたがって，活性化エネルギーと頻度因子が求められ，必要なら8章3節，式（5）にしたがって，速度定数が求められるわけである。

このように温度可変のNMR装置とスペクトル作図シミュレーションのプログラムさえあれば，きわめて容易に活性化エネルギーを求められるわけであり，非常に有用なものである。

━━━━━━━━━━ 実 験 例 ━━━━━━━━━━

$$\begin{array}{c}H_3C\\H_3C\end{array}\!N\!-\!N\overset{O}{} \underset{k}{\overset{k}{\rightleftarrows}} \begin{array}{c}H_3C\\H_3C\end{array}\!N\!-\!N\underset{O}{} \qquad (反応3)$$

$$\ln k = \ln A - \frac{E_\mathrm{a}}{RT} \qquad\qquad (8章,式(5))$$

式(13)で，$k_\mathrm{a} = k_\mathrm{b} = k$ とおくと

$$k = \frac{1}{2\tau} \tag{28}$$

式(28)を8章，式(5)へ代入し，両辺に $\ln\left(\dfrac{1}{\pi\varDelta\nu}\right)$ を加える。

$$\ln\left(\frac{1}{2\pi\tau\varDelta\nu}\right) = \ln\left(\frac{A}{\pi\varDelta\nu}\right) - \frac{E_\mathrm{a}}{RT} \tag{29}$$

NMRスペクトルの温度変化（τ は温度の関数）

図6

$E_\mathrm{a} = 23\,\mathrm{kcal/mol}$
$A = 7 \times 10^{14}\,\mathrm{sec}^{-1}$

図7

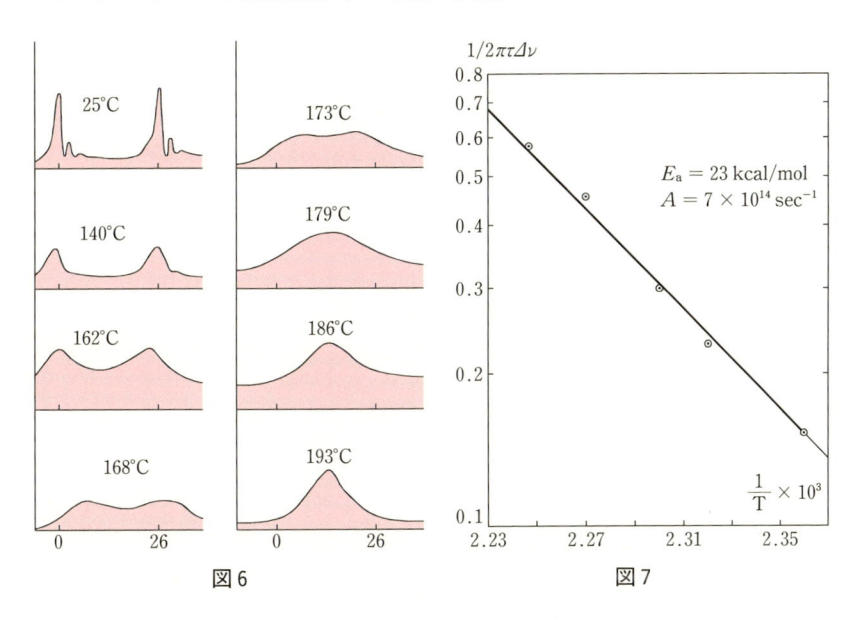

図6を図5と比較して各測定温度に対応する（$2\pi\varDelta\nu\tau$）値を求め，式(15)にしたがってアレニウスプロットをとると図7になる。図7より E_a と A を求める。

6 連鎖反応の解析

　反応速度測定のための実験技術ではないが，複雑な測定データを与えた実験の数学的解析の例として連鎖反応の解析を挙げておこう。これはデータから直接的に反応機構を導くのではなく，化学的に反応機構を推定し，その推定機構から出て来る速度式を求め，それをデータと比較してまた推定反応機構に改良を加えるという操作を繰り返して速度式を求めたものである。

　連鎖反応はウランの核分裂反応などで良く知られた反応である。

（1）反応機構

　連鎖反応（chain reaction）とは生成物のうちの一成分が出発物と等しく，そのため，反応が進行するほど出発物濃度が上がるような反応と見ることができる。この結果，連鎖反応は爆発に至ることがあり，またその速度式は複雑になることが多い。

　連鎖反応は反応4に示したように，開始反応で開始され，成長の過程に達し，やがて出発物濃度の低下によって停止の過程に至るものである。この間，生成物への攻撃による生成物濃度の減少など，阻害の過程が入り反応を複雑にする。

（2）実測速度式

　臭素と水素とから臭化水素が生成する反応5は，一見単純な反応であるが，その実験より求めた実測速度式は，式(30)のように複雑をきわめる。もし，実験データだけをながめて式(30)を導出したとすれば，その直感力は天才的であろうが実は，次のような，仮定に基づいた解析によって確認されたものなのである。

　反応5の反応を反応6から，反応10に至る一連の反応からなる連鎖反応と仮定する。もし，解析の結果，この連鎖反応から導かれる速度式が実測速度式(30)と一致しなかったら，仮定した連鎖反応が実際の反応を反映しなかったのであり，別に新たな連鎖反応を仮定することになる。

連鎖反応

開始 ⟶ 成長 ⟶ 停止　　　　　　　　　　　　　　　（反応4）
　　　↘ 阻害 ↗

速度式は複雑になる事がある。

$$Br_2 + H_2 \longrightarrow 2HBr \tag{反応5}$$

実測速度則

$$\frac{d[HBr]}{dt} = \frac{k[H_2][Br_2]^{1/2}}{1 + k'\dfrac{[HBr]}{[Br_2]}} \tag{30}$$

反応機構

開始　　$Br_2 \xrightarrow{k_a} 2Br\cdot$　　　　　　　　　　　　（反応6）

成長　　$Br\cdot + H_2 \xrightarrow{k_b} HBr + H\cdot$　　　　　　（反応7）

　　　　$H\cdot + Br_2 \xrightarrow{k_c} HBr + Br\cdot$　　　　　　（反応8）

阻害　　$H\cdot + HBr \xrightarrow{k_d} H_2 + Br\cdot$　　　　　　（反応9）

停止　　$Br\cdot + Br\cdot \xrightarrow{k_e} Br_2$　　　　　　　　　（反応10）

連鎖反応の基本経路は開始，成長，停止の過程だけどそれに阻害の過程が加わるのよネ

7　連鎖反応の速度定数

　前節で仮定した連鎖反応の開始反応は臭素の分解（反応6）であり，阻害反応は水素ラジカルの生成物への攻撃（反応9）である。

　臭素ラジカルが2量化する過程が（反応10）停止の過程となり，この仮定に基づいて生成物の速度式を作ると式(31)となる。

（1）　定常状態近似

　ここで，反応中間体である水素ラジカルと臭素ラジカルについて，定常状態近似をとると，各々，式(32)と式(33)になる。この両式から各々のラジカル濃度を求めたのが式(34)，式(35)である。式(31)に式(34)，式(35)を代入して整理すると式(36)となるが，ここで定数部分を式(38)，式(39)のように整理すると式(37)となる。これは実測速度式(30)とまったく同じである。

　これによって，反応5の反応は仮定の通り，反応6から反応10に至る一連の反応として進行していたことが立証されたわけである。

（2）　反応の様相

　解析に用いた仮定反応を見ると反応の様子がよくわかる。阻害反応として生成物が水素ラジカルによって破壊される過程があげてあるが，生成物は同様に臭素ラジカルによっても攻撃される可能性があろう（反応11）。また，停止過程として水素ラジカルの2量化（反応12）があってもよさそうである。

$$Br\cdot + HBr \rightarrow Br_2 + H\cdot \quad\quad\quad (反応11)$$
$$H\cdot + H\cdot \rightarrow H_2 \quad\quad\quad (反応12)$$

しかし，実測速度式が，この両式を含まない連鎖反応式によって再現されたということは，反応11，反応12の両式は理論的には可能だが，実際には無視できる程度にしか起こっていないということである。

　このように連鎖反応は，全過程をまとめた化学反応式としては単純なものでも，反応機構的には複雑なものが多く，その解析には困難がつきまとうことがある。成長，阻害，停止，各段階に可能性のある反応を仮定し，それに基づいて仮定の速度式を組み立てるという作業が必要なのである。

解 析

$$\frac{d[HBr]}{dt} = k_b[Br\cdot][H_2] + k_c[H\cdot][Br_2] - k_d[H\cdot][HBr] \quad (31)$$

[H·] について定常状態近似をとる．

$$\frac{d[H\cdot]}{dt} = k_b[Br\cdot][H_2] - k_c[H\cdot][Br_2] - k_d[H\cdot][HBr] = 0 \quad (32)$$

反応 6 と反応 10 では Br· 2 個がそれぞれ生成，消滅している事に注意して [Br·] について定常状態近似をとる．

$$\frac{d[Br\cdot]}{dt} = 2k_a[Br_2] - k_b[Br\cdot][H_2] + k_c[H\cdot][Br_2] + k_d[H\cdot][HBr]$$
$$- 2k_e[Br\cdot]^2 = 0 \quad (33)$$

式(32)，式(33) より [H·]，[Br·] を求める．

$$\therefore \quad [Br\cdot] = \left\{\frac{k_a[Br_2]}{k_e}\right\}^{1/2} \quad (34)$$

$$[H\cdot] = \frac{k_b\left(\dfrac{k_a}{k_e}\right)^{1/2}[H_2][Br_2]^{1/2}}{k_c[Br_2] + k_d[HBr]} \quad (35)$$

式(34)，式(35) を式(31) に代入して整理する．

$$\frac{d[HBr]}{dt} = \frac{2k_b\left(\dfrac{k_a}{k_e}\right)^{1/2}[H_2][Br_2]^{1/2}}{1 + \dfrac{k_d[HBr]}{k_c[Br_2]}} \quad (36)$$

$$= \frac{k[H_2][Br_2]^{1/2}}{1 + k'\dfrac{[HBr]}{[Br_2]}} \quad (37)$$

ただし，$k = 2k_b\left(\dfrac{k_a}{k_e}\right)^{1/2}$ \quad (38)

$$k' = \frac{k_d}{k_c} \quad (39)$$

これは大変な解析だけどこんな反応はあまりありません。参考として眺めるだけで良いのではないかしら！

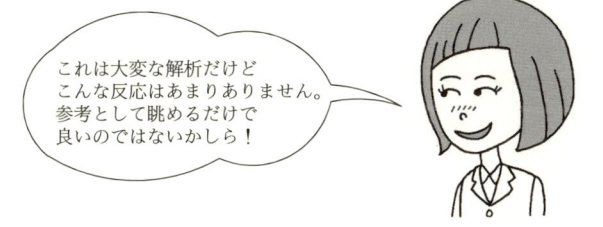

演習問題 1

アセトアルデヒド CH_3CHO は気相において熱分解し，メタン CH_4，エタン CH_3-CH_3，一酸化炭素 CO となる。反応は下式のラジカル分解機構で進行する。このとき，メタンの生成速度はアセトアルデヒド濃度の 3/2 乗に比例することを示せ。（ヒント：メチルラジカル・CH_3 の濃度に関して定常状態近似を用いる）

(開始過程，速度定数 k_1)：$CH_3CHO \rightarrow \cdot CH_3 + \cdot CHO$

(成長過程，速度定数 k_2)：$CH_3CHO + \cdot CH_3 \rightarrow CH_4 + CO + \cdot CH_3$

(停止過程，速度定数 k_3)：$\cdot CH_3 + \cdot CH_3 \rightarrow H_3C-CH_3$

解答

一般にラジカル（遊離基）は反応性が非常に高い。メチルラジカルも同様である，したがって，生成したメチルラジカルはただちに反応して消失するのでその濃度は常に低く，濃度の時間変化はない（ゼロ）ものとみなすことができる。

連鎖反応の成長過程では生成するメチルラジカルの総数と，消失するメチルラジカルの総数は等しくなるから，定常状態近似では成長過程を考慮する必要がなくなる。したがって，メチルラジカルの定常状態における濃度は連鎖反応の開始と停止という下に示した 2 つの過程で決まることになる。

$$d[\cdot CH_3]/dt = k_1[CH_3CHO] - k_3[\cdot CH_3][\cdot CH_3]$$

$$d[\cdot CH_3]/dt = 0$$

から，

$$[\cdot CH_3] = (\sqrt{k_1}/\sqrt{k_3})[\cdot CH_3CHO]^{1/2}$$

となる。

以上のことからメタンの生成速度は下式で与えられることになり，アセトアルデヒド濃度の 3/2 乗に比例することがわかる。

$$d[CH_4]/dt = k_2[CH_3CHO][\cdot CH_3] = k_2(\sqrt{k_1}/\sqrt{k_3})[CH_3CHO]^{3/2}$$

演習問題 2

正しい文章に○をつけよ。

A　NMR測定技術のうち，反応速度の測定に用いられるものを動的NMRという。

B　動的NMRではスペクトルをシミュレートし，それと実測スペクトルを比較することによって解析する。

C　分子が構造AとBの間で互変異性している時には，低温ではAとBに由来する2本のピークが観察される。

D　しかし，温度を下げると2本のピークは接近し，やがて融合して1本になる。

E　この実変化とシミュレーションの推定図の一致から緩和時間 τ を求め，これに基づくアイリングプロットから，頻度因子Aと速度定数kを求める。

解　答

○は　A，B，C

解　説

D　温度を下げる　→　上げる。

E　アイリングプロット　→　アレニウスプロット

索　引

■欧　文■

cis-付加　188
HOMO　202
LUMO　202
NMR　220
S_N1 反応　158
S_N2 反応　158
α 線　86
β 線　86
γ 線　86

■あ　行■

アイリング(Eyring)の式　144
アイリングプロット　154
圧力　100
アプロティック　170
アレニウス(Arrhenius)の式　122
アレニウスプロット　122, 222
イーレイ-リディール(Eley-Rideal)機構　190
イオン半径　170
一次反応　22
運動量変化　100
オズワルド(Ostwald)の分離法　38

■か　行■

会合体 ES　72
開始ラジカル　66
外挿法　24
解離定数　218
解裂エネルギー　156
解裂反応　158
化学吸着　182
可逆反応　58
拡散係数　176
拡散速度　176
拡散律速　172
拡散律速速度定数　174
拡散律速反応　172
核磁気共鳴装置　220
核反応　86
核分裂　86
核融合　86
活性化エネルギー　10, 118, 120
活性化エンタルピー　152, 156
活性化エントロピー　12, 152, 158
活性化自由エネルギー　140, 152
活性化状態　188
活性化パラメータ　10, 150
活性錯合体　136
活性制御反応　172
換算質量　108
緩和　214
緩和時間　214, 216
基質　72
軌道相関　200
逆反応　4
吸着　182
吸着エネルギー　182
吸着エンタルピー　182
吸着速度　186
吸着点　184
吸着等温式　186
吸着半減期　184
吸熱反応　28
極大濃度　52
結合切断　142
結合ポテンシャル曲線　204
原子核反応　86
原子核崩壊　86
原子炉　88
減速剤　88, 90
酵素　72
高速増殖炉　92
高速中性子　92
固体触媒作用　188
互変異性　222
根平均2乗速度　102, 104

■さ　行■

最終生成物　4
最大確率速度　104
最大反応速度　74
三次反応　22, 38
3分子反応　48
三粒子系　138
失活過程　84
重合　66, 68
重合反応　66
重水素置換　206
自由度　156
衝突　6, 106, 120
衝突回数　106
衝突確率　6, 26
衝突速度　108
衝突断面積　108
衝突直径　108
衝突頻度　108, 110
消費速度　20
触媒　70

索引

触媒作用 70
触媒反応 70
初速度 24
初濃度 24
振動エネルギー 142
振動数 144
振動モード 142
スターン-ボルマー(Stern-Volmer)の式 84
制御棒 88, 90
生成速度 20
正反応 4
積分速度式 34
接触還元反応 188
接線法 24
摂動論 200
ゼロ点エネルギー 204
遷移状態 12, 118, 136
遷移状態の寿命 138
遷移状態理論 140
前駆平衡 60
全衝突頻度 110
双極子モーメント 168
総衝突回数 110
阻害 224
速度式 20
速度支配 126
速度定数 4, 20, 26
速度同位体効果 208
素反応 48, 50

■た 行■

多段階反応 22
脱着 182
脱着速度 186
単分子反応 48
力の定数 204
置換基効果 202
逐次反応 50
中間体 4, 118
中性子吸収剤 88
中性子吸収断面積 88

中性子線 86
出会いのペアー 172
定常状態近似 54
定常燃焼 76
低速中性子 92
電荷 168
電荷分布 168
電子求引性 198
電子供給性 198
同位体効果 204
同位体分離 204
透過係数 144
動的NMR 220

■な 行■

内部エネルギー 28
二次反応 22, 36
二重逆数プロット 74
2分子反応 48
熱中性子 92
熱力学支配 126
年代測定 42
粘度 174
燃料棒 90
濃縮 90, 204

■は 行■

爆発反応 76
発熱反応 28
ハメット則 198
ハメットのρ値 198
半減期 40, 86
反応エネルギー 28
反応座標 10
反応次数 20, 26
反応速度論 2
反応断面積 130
反応部位 130
反応方向 130
光反応 82
非局在化エネルギー 156

非プロトン性溶媒 170
表面被覆率 184
頻度因子 122, 128
フィック(Fick)の第1法則 176
不可逆反応 58
付加反応 158
物理吸着 182
プロティック 170
プロトン性溶媒 170
プロトン放出能 170
分子軌道 200
分子振動 142
平均自由行程 112
平均相対速度 108
平均速度 104
平衡 4
平衡支配 126
平衡定数 4, 60
平衡同位体効果 208
放射線 86
ポテンシャルエネルギー曲面 136
ポリマー 66
ボルツマン分布 28, 120

■ま 行■

マックスウェル-ボルツマン分布 104
ミカエリス定数 72
ミカエリス-メンテン(Michaelis-Menten)機構 72
モノマー 66

■や 行■

輸送物性 130
溶液 166
溶媒和 166
溶媒 166
四粒子系 138

■ら 行■

ラインウィーバー-バーク(Lineweaver-Burk)プロット　74
ラングミュアの吸着等温式　186
ラングミュア-ヒンシェルウッド（Langmuir-Hinshelwood）機構　190
律速段階　56
立体因子　130
流速　174
臨界温度　124
臨界距離　174
ルイス塩基　170
ルイス酸　170
励起状態　82
冷却剤　90
連鎖反応　76,88,224
連鎖反応の速度定数　226

齋藤 勝裕(さいとう かつひろ)

　　1974年　東北大学大学院理学研究科博士課程修了
　　　　　　名古屋工業大学名誉教授
　　　　　　理学博士

わかる反応速度論

2013年10月10日　　初版第1刷発行
2022年10月 1 日　　第2刷発行

　　　　　　　Ⓒ著　者　齋　藤　勝　裕
　　　　　　　　発行者　秀　島　　　功
　　　　　　　　印刷者　渡　辺　善　広

発行所　三共出版株式会社　東京都千代田区
　　　　　　　　　　　　　　神田神保町3の2
郵便番号 101 0051　電話 03(3264)5711(代)　FAX 03(3265)5149　振替 00110-9-1065
一般社団法人 日本書籍出版協会・一般社団法人 自然科学書協会・工学書協会 会員

Printed in Japan　　　　　　　　　　　　　　　印刷製本・壮光舎

JCOPY ＜(一社)出版者著作権管理機構 委託出版物＞
本書の無断複写は著作権法上での例外を除き禁じられています。複写される場合は、そのつど事前に、(一社)出版者著作権管理機構(電話 03-5244-5088, FAX 03-5244-5089, e-mail:info@jcopy.or.jp)の許諾を得てください。

ISBN 978-4-7827-0698-5

元素の周期表

凡例:
- 原子番号 → ₁H ← 元素記号
- 元素名 → 水素
- 原子量 → 1.008

- ■ 典型非金属元素
- ■ 典型金属元素
- ■ 遷移金属元素

周期	1	2	3	4	5	6	7	8	9
1	₁H 水素 1.008								
2	₃Li リチウム 6.941	₄Be ベリリウム 9.012							
3	₁₁Na ナトリウム 22.99	₁₂Mg マグネシウム 24.31							
4	₁₉K カリウム 39.10	₂₀Ca カルシウム 40.08	₂₁Sc スカンジウム 44.96	₂₂Ti チタン 47.87	₂₃V バナジウム 50.94	₂₄Cr クロム 52.00	₂₅Mn マンガン 54.94	₂₆Fe 鉄 55.85	₂₇Co コバルト 58.93
5	₃₇Rb ルビジウム 85.47	₃₈Sr ストロンチウム 87.62	₃₉Y イットリウム 88.91	₄₀Zr ジルコニウム 91.22	₄₁Nb ニオブ 92.91	₄₂Mo モリブデン 95.95	₄₃Tc* テクネチウム (99)	₄₄Ru ルテニウム 101.1	₄₅Rh ロジウム 102.9
6	₅₅Cs セシウム 132.9	₅₆Ba バリウム 137.3	57〜71 ランタノイド	₇₂Hf ハフニウム 178.5	₇₃Ta タンタル 180.9	₇₄W タングステン 183.8	₇₅Re レニウム 186.2	₇₆Os オスミウム 190.2	₇₇Ir イリジウム 192.2
7	₈₇Fr* フランシウム (223)	₈₈Ra* ラジウム (226)	89〜103 アクチノイド	₁₀₄Rf* ラザホージウム (267)	₁₀₅Db* ドブニウム (268)	₁₀₆Sg* シーボーギウム (271)	₁₀₇Bh* ボーリウム (272)	₁₀₈Hs* ハッシウム (277)	₁₀₉Mt* マイトネリウム (276)

57〜71 ランタノイド	₅₇La ランタン 138.9	₅₈Ce セリウム 140.1	₅₉Pr プラセオジム 140.9	₆₀Nd ネオジム 144.2	₆₁Pm* プロメチウム (145)	₆₂Sm サマリウム 150.4	₆₃Eu ユウロピウム 152.0
89〜103 アクチノイド	₈₉Ac* アクチニウム (227)	₉₀Th* トリウム 232.0	₉₁Pa* プロトアクチニウム 231.0	₉₂U* ウラン 238.0	₉₃Np* ネプツニウム (237)	₉₄Pu* プルトニウム (239)	₉₅Am* アメリシウム (243)

本表の4桁の原子量はIUPACで承認された値である。なお,元素の原子量が確定できないものは
*安定同位体が存在しない元素。